国家自然科学基金项目（No. 41772111）资助出版

陆相断陷湖盆混合沉积与优质储层

——以渤海海域为例

徐长贵　杜学斌　杜晓峰　解习农　著

科学出版社

北　京

内 容 简 介

本书重点介绍了陆相湖盆混积岩研究所取得的4方面成果：提出了三端元分类方案；从岩性相到成因相系统揭示了陆相混积岩内部构成及其沉积特征，阐明了混积岩发育的主控因素；查明了混积岩储层特征，揭示了优质储层形成机理；形成了一套岩心-测井-地震不同尺度识别陆相湖盆混积岩的技术方法及研究流程。本书的研究成果可以更好地指导渤海湾盆地混积岩的识别和优质储层预测，同时为我国陆相湖盆中深层新层系油气勘探提供重要的参考。

本书适合从事混合沉积研究及相关沉积矿产勘查与开发的同行参阅，也可供相应专业大专院校师生阅读参考。

图书在版编目（CIP）数据

陆相断陷湖盆混合沉积与优质储层：以渤海海域为例 / 徐长贵等著.—北京：科学出版社，2020.12

ISBN 978-7-03-066810-3

Ⅰ. ①陆… Ⅱ. ①徐… Ⅲ. ①渤海湾盆地-断陷盆地-研究 Ⅳ. ①P942

中国版本图书馆 CIP 数据核字(2020)第 218347 号

责任编辑：孟美岑 李 静 / 责任校对：张小霞
责任印制：肖 兴 / 封面设计：北京图阅盛世

科 学 出 版 社 出版

北京东黄城根北街 16 号
邮政编码：100717
http://www.sciencep.com

北京汇瑞嘉合文化发展有限公司 印刷

科学出版社发行 各地新华书店经销

*

2020 年 12 月第 一 版 开本：787×1092 1/16
2020 年 12 月第一次印刷 印张：12 3/4
字数：302 000

定价：169.00 元
（如有印装质量问题，我社负责调换）

序

陆源碎屑与碳酸盐混合沉积作为一种特殊沉积类型，早在 20 世纪 50 年代就已引起国外学者的关注，早期报道的混合沉积主要发育于海相或海陆过渡相。近年来，我国一些陆相盆地也陆续发现陆源碎屑-碳酸盐混合沉积，针对其形成的混积岩储层勘探取得了显著成效。显然，针对混积岩的研究，不仅对了解盆地内古气候、海（湖）平面变化、沉积速率和沉降速率，以及沉积动力学有着特殊的意义，而且可以服务于油气勘探，为中深层优质油气储层预测提供有力的指导和支持。因此，加强混积岩研究既是沉积学理论发展的需要，又具有生产实践意义。

渤海海域是我国陆相断陷盆地混积岩类型最丰富、分布较广泛的地区之一。目前钻探已在沙河街组一、二、四段发现了这种陆源碎屑与碳酸盐混合沉积现象，并在多个构造带混积岩储层勘探中取得了重大突破。

该书重点介绍了陆相湖盆混积岩研究取得的 4 方面成果：①建立了混积岩石学分类、命名体系，提出了有别于前人的三端元成因分类方案；②从岩性相到成因相系统揭示了陆相湖盆混积岩内部构成及沉积特征，阐明了混积岩沉积过程及发育机制；③查明了混积岩储层特征，揭示了混积岩中优质储层的形成机理与主控因素；④形成了一套岩心-测井-地震不同尺度识别陆相湖盆混积岩的技术方法及研究流程。

该书汇集了中海石油（中国）有限公司天津分公司和中国地质大学（武汉）科研团队的综合研究成果，通过对渤海海域混积岩的精细解剖，全面揭示了混积岩沉积机理及优质储层发育机制，为中深层优质储层预测提供了新的勘探领域。研究成果进一步丰富了我国陆相湖盆沉积学理论，同时将对中深层油气勘探起到重要的推动作用。

中国科学院院士

前　　言

　　陆源碎屑与碳酸盐混合沉积是一种特殊的沉积类型，混积现象是自然界常见的一种现象，但是长期以来，人们习惯于将陆源碎屑与碳酸盐划分为两个系统进行研究，导致两者之间的混积现象没有得到充分的重视。陆源碎屑与碳酸盐混合沉积现象早在 20 世纪 50 年代就已引起国外学者的关注（Bruckner，1953；Carozzi，1955），混合沉积的出现对沉积环境具有重大的指示意义，特别是旋回性碳酸盐沉积作用的出现可以作为过去气候变迁的"指示剂"。这一认识为混合沉积的研究拉开了序幕，并改变了人们传统观念中"碳酸盐只能在清水沉积环境下堆积"的观点，从而推动了混合沉积研究。随着油气勘探深入，混积岩作为油气有利储层越来越多地受到高度重视。世界范围内较为成功的混积岩油气勘探实例是 Palermo 等（2008）对荷兰东北部 DeWijk 和 Wanneperveen 气田的研究，混积岩构成了该油田的优质储层。近年来，我国一些陆相盆地也陆续发现陆源碎屑-碳酸盐混合沉积（罗顺社等，2004；张金亮和司学强，2007；赵会民，2012；宋章强等，2013a），并在这些混积岩储层勘探中取得了显著的成效。然而，虽然近年来混积岩储层勘探不断取得突破，但我国混积岩储层研究却十分薄弱，特别是对混积岩优质储层发育机制尚不十分清楚。

　　渤海海域是迄今为止我国报道混积岩研究最为丰富的区域，为研究混积岩这一特殊沉积体系提供了极佳的研究场所（罗顺社，2004；董艳蕾等，2011；宋章强等，2013a，b；解习农等，2018）。早在 1999 年，徐长贵等就在锦州 20-2、渤中 13-1、秦皇岛 30-1 等多个构造带发现了独特的混积岩现象，建立了湖盆混合沉积的初步分类，初步分析了湖盆混合沉积的形成条件并建立了混合沉积体系模式，也成功对锦州 25-1 南构造 8 井区、秦皇岛 30-1、渤中 13-1 等构造沙一、二段混合沉积进行了精细的预测。此后十余年，渤海油田对混合沉积进行了持续攻关，并以混合沉积为主要勘探对象，发现了秦皇岛 29-2E、秦皇岛 36-3 等多个优质油气田，至此，掀起了混合沉积研究的热潮。"十二五"期间，中海石油（中国）有限公司天津分公司联合中国地质大学（武汉）组成了多学科研究团队，对湖盆陆源碎屑与碳酸盐混合沉积及优质储层发育机制开展联合攻关，取得了如下进展和新认识。

　　（1）提出了有别于前人的三端元分类方案，即以陆源碎屑物、生物成因碳酸盐和化学成因碳酸盐为三端元组分的分类方案。由此更好地从水动力条件及形成环境角度将不同成因的混积岩区分开来。特别是生物成因碳酸盐、化学成因碳酸盐分别作为两个分类端元在前人文献中尚无提及。此外，借助混积岩分类的三角图，很容易识别出优质储层、中等储层及差储层三类储层分区。因此，这一分类方案为混积岩成因机制及储层预测提供了一个更为便捷的识别方法。

　　（2）从岩性相到成因相系统揭示了陆相混积岩内部构成及其沉积特征，阐明了陆相混积岩发育的主控因素。基于宏观和微观沉积特征，剖析了混积扇、混积滩、混积坝、混积丘等混积成因相的沉积差异，揭示了物源供给、古地形地貌、生物发育、古风向，以及基底岩性等要素对混积岩发育演化的控制作用。结合沉积环境、沉积亚相发育特征，建立起研究区与扇三角洲体系伴生的混积模式、湖岸混积模式和孤立隆起混积模式。

（3）查明了混积岩储层特征，揭示了优质储层形成机理。渤海海域混积岩主要储集空间类型包括原生孔隙及次生孔隙。原生孔隙包括粒间孔、残余原生孔；次生孔隙包括铸模孔、粒内溶蚀孔等。研究指出优质储层主要为生物成因碳酸盐为主的混积岩，其次为生物成因-陆源碎屑混积岩。优质储层发育的主控因素包括包壳结构、早期大气淡水淋滤、白云石化和多期碳酸盐胶结。其中包壳结构、白云石化抑制了早期的压实作用，有利于原生孔隙的保存；早期大气淡水淋滤产生大量的次生溶蚀孔隙，进一步增加了储层物性；晚期热流体作用活动会在一定程度上减少储层孔隙度。

（4）基于典型构造带混积岩沉积样式的精细解剖，提出了从岩心、测井及地震等方面综合识别陆相湖盆混积岩的研究流程及技术方法。以手标本为基础，辅助岩石薄片，对取心段的混积岩进行精确识别和定名；以取心段测井曲线属性提取为基础，建立混积岩识别测井图版。在上述两步的基础上，利用井-震标定技术，建立单井与地震资料的联系；利用三维地震成图技术，勾绘出混积岩的平面分布范围，形成一套岩心-测井-地震不同尺度识别混积岩的研究流程及技术方法，从而更好地研究混积岩发育及分布规律。此技术为陆相湖盆内新型优质储层——混积岩储层分布预测提供了有力的技术支持。

本书是中海石油（中国）有限公司天津分公司与中国地质大学（武汉）研究团队合作完成的，主要执笔人为徐长贵、杜学斌、杜晓峰、解习农。中海石油（中国）有限公司天津分公司宋章强、黄晓波、王清斌、杨波等，中国地质大学（武汉）姜涛、张成、何云龙、陈慧，以及同期的研究生叶茂松、董孝璞、邹雨甜、赵珂、杨盼、张冉、汪泽淞、高梦天、李晔鹏、袁思维等参加了本研究工作。中国地质大学（武汉）黄俊华、周炼为样品测试提供了帮助。在此一并致以最诚挚的感谢。由于笔者水平所限，书中不妥之处在所难免，恳请各位专家批评指正。

目　　录

序

前言

第1章　混积岩研究概述 ·· 1

1.1　混积岩研究现状 ·· 1

1.1.1　混积岩研究历史 ·· 1

1.1.2　混积岩研究现状及进展 ···································· 3

1.2　陆相湖盆混积岩发育特征 ·· 6

第2章　渤海海域地质背景 ·· 8

2.1　渤海海域地质概况 ·· 8

2.2　渤海海域新生代构造演化历史 ···································· 9

2.3　渤海海域新生代地层沉积序列 ··································· 10

2.4　渤海海域混合沉积勘探历程 ····································· 13

第3章　混积岩划分方案及岩性相分类 ································· 17

3.1　混积岩定义及分类体系 ··· 17

3.1.1　混积岩岩石学特征 ······································ 17

3.1.2　混积岩的岩石学分类方案 ································· 20

3.1.3　混积岩的岩石学命名准则 ································· 26

3.2　岩性相类型及其沉积特征 ······································· 27

3.2.1　以化学碳酸盐为主的混积岩性相 ··························· 27

3.2.2　以陆源碎屑为主的混积岩性相 ····························· 28

3.2.3　以生物碳酸盐颗粒为主的混积岩性相 ······················· 32

3.2.4　混积层系 ·· 33

第4章　混积岩沉积相及其构成序列特征 ······························ 36

4.1　混积岩沉积相划分及主要特征 ··································· 36

4.1.1　混积岩沉积相划分 ······································ 36

4.1.2　沉积相主要特征 ·· 36

4.2　混积扇沉积内部构成特征及垂向序列 ····························· 41

4.3　混积滩内部构成特征及垂向序列 ································· 42

4.3.1　近岸混积滩 ·· 42

4.3.2　远岸混积滩 ·· 44

4.4　混积坝内部构成特征及垂向序列 ································· 46

4.5　混积丘内部构成特征及垂向序列 ································· 48

第5章　混积岩发育的主控因素及其沉积模式 ·························· 50

5.1　混积岩发育的主控因素 ··· 50

5.1.1 陆源碎屑 ··· 50

5.1.2 生物发育情况 ··· 53

5.1.3 古地貌因素 ·· 55

5.1.4 水介质条件及古风向影响 ·· 55

5.1.5 基底岩性特征 ·· 58

5.2 陆相断陷湖盆混积岩发育模式 ··· 59

5.2.1 与扇三角洲体系伴生混积模式 ····································· 59

5.2.2 湖岸或湖湾混积模式 ··· 61

5.2.3 孤立隆起混积模式 ·· 66

第6章 混积岩优质储层成因机制及主控因素 ··· 67

6.1 混积岩储层基本特征 ··· 67

6.1.1 混积岩储层孔隙类型 ··· 67

6.1.2 混积岩储层物性 ··· 70

6.2 混积岩储层成岩演化历史 ··· 72

6.2.1 成岩作用类型及特征 ··· 72

6.2.2 储层成岩演化阶段 ·· 94

6.3 混积岩优质储层发育的控制因素 ··· 97

6.3.1 原生孔隙的保存是优质储层形成的基础 ························· 98

6.3.2 次生孔隙的发育是优质储层形成的关键 ························ 104

6.3.3 热流体活动是优质储层改造的机制 ····························· 109

第7章 混积岩综合识别技术及预测思路 ·· 117

7.1 混积岩综合识别技术 ·· 117

7.1.1 地震尺度识别技术 ··· 117

7.1.2 测井尺度识别技术 ··· 122

7.1.3 岩心尺度识别技术 ··· 125

7.1.4 综合识别技术 ··· 125

7.2 混积岩预测思路 ··· 133

7.2.1 混积岩预测难点 ·· 133

7.2.2 混积岩预测思路与方法 ·· 133

第8章 混合沉积勘探实践 ··· 136

8.1 秦皇岛29-2东构造 ·· 137

8.1.1 地质概况 ·· 137

8.1.2 混合沉积特征 ··· 137

8.1.3 混合沉积储层特征 ··· 143

8.1.4 勘探实践 ·· 145

8.2 秦皇岛36-3构造 ··· 146

8.2.1 地质概况 ·· 146

8.2.2 混合沉积特征 ··· 146

8.2.3 混合沉积储层特征 ··· 150

8.2.4　勘探实践 ··· 152

8.3　渤中 36-2 构造 ··· 152

8.3.1　地质概况 ·· 152

8.3.2　混合沉积特征 ·· 152

8.3.3　混合沉积储层特征 ·· 156

8.3.4　勘探实践 ·· 158

8.4　锦州 20-2 构造 ··· 158

8.4.1　地质概况 ·· 158

8.4.2　混合沉积特征 ·· 159

8.4.3　混合沉积储层特征 ·· 164

8.4.4　勘探实践 ·· 165

8.5　垦利 16-1 构造 ··· 165

8.5.1　地质概况 ·· 165

8.5.2　混合沉积特征 ·· 166

8.5.3　混合沉积储层特征 ·· 167

第 9 章　主要结论 ·· 171

参考文献 ··· 174

图版 ·· 185

第1章 混积岩研究概述

混积现象是自然界常见的一种现象，但是长期以来，人们习惯于将陆源碎屑与碳酸盐划分为两个系统进行研究，导致两者之间的混积现象没有得到充分的重视。陆源碎屑与碳酸盐混合沉积现象早在 20 世纪 50 年代就已引起国外学者的关注（Bruckner，1953；Carozzi，1955），混合沉积的出现对沉积环境具有重大指示意义，特别是旋回性碳酸盐沉积作用的出现可以作为过去气候变迁的"指示剂"。这一认识为混合沉积的研究拉开了序幕，并改变了人们传统观念中"碳酸盐只能在清水沉积环境下堆积"的观点，从而推动了混合沉积研究。

随着油气勘探深入，混积岩（mixosedimentite）作为油气有利储层越来越受到重视。世界范围内较为成功的混积岩油气勘探实例是 Palermo 等（2008）对荷兰东北部 DeWijk 和 Wanneperveen 气田的研究。该区优质储层为混合沉积的鲕粒滩，是一套形成于浅水环境的风暴和波浪作用产物，微地貌变化控制不同岩性相侧向厚度变化，鲕粒滩发育演化主要受沉积相控制。储层物性分析表明，湖侵期鲕粒滩沉积是最有利的沉积相，发育于古凹陷内的干净的鲕粒岩具有良好的储集性能，构造高地上的鲕粒灰岩则由于暴露形成了亮晶胶结，储层质量欠佳。这一认识为该区混积岩优质储层预测提供了很好的范例。近年来，我国一些陆相盆地也陆续发现陆源碎屑-碳酸盐混合沉积（罗顺社等，2004；张金亮和司学强，2007；赵会民，2012；宋章强等，2013a，b；解习农等，2018），并在这些混积岩储层勘探中取得了显著的成效。

显然，陆源碎屑与碳酸盐混合沉积作为一种特殊沉积类型，不仅对了解盆地内古气候、海（湖）平面变化、沉积速率和沉降速率，以及沉积动力学有着特殊的意义，而且可以服务于油气勘探，为中深层优质油气储层预测提供有力的技术支持。因此，加强混积岩研究不仅是沉积学理论研究的需要，同时也能为生产实践提供重要的支撑。

1.1 混积岩研究现状

1.1.1 混积岩研究历史

国外学者在 20 世纪 50 年代开始注意到混积现象（Bruckner，1953；Carozzi，1955），从此拉开了对混合沉积现象研究的序幕。经过近半个世纪的研究，混积岩逐渐被人们关注，国内外学者在陆相到海相地层的不同沉积环境内均识别出这种特殊的沉积现象，并取得了一定的成果。总体来看，其发展历程大致可划分为以下阶段。

1. 20 世纪 80 年代之前：萌芽阶段

20 世纪 80 年代之前，国外的少数学者首先注意到陆源碎屑和碳酸盐的混合沉积现象，除了前文提及的 Bruckner、Carozzi 等之外，具有代表性的成果还包括 Maxwell 和 Swinchatt

（1970）对大堡礁省、Button 和 Vos（1977）对南非 Transvaal 省东部潮坪环境下混积岩剖面的研究。该阶段的研究主要以描述混合沉积现象为主。

2. 20 世纪 80～90 年代：混积岩的概念、分类、成因机制研究阶段

20 世纪 80 年代开始，混积岩研究进入一个新的时代，开始受到国内外学者的高度关注（Robertson and Woodcock，1981；Holmes，1983；刘宝珺等，1983）。最具时代意义的研究是 Mount 在 1984 年、1985 年对混积岩的概念、分类、成因、沉积环境等内容开展的研究和讨论，率先提出了混合沉积物（mixed sediments）的概念，以此来表述陆源碎屑与碳酸盐混合沉积的产物，并首次提出了由四个端元（硅质碎屑砂、粉砂黏土混合泥、碳酸盐异化粒和灰泥）所构成的一个三角四面体的岩石学分类。此外，Mount 结合各种实例系统总结了混积岩的四种成因机制，即间接混合（punctuated mixing）、相源混合（facies mixing）、原地混合（in-situ mixing）和母源混合（source mixing），虽然后人在此基础上有一定的修改，并陆续提出了一些新的机制，但是大部分研究还是沿用了这一分类去讨论混积岩的成因问题。杨朝青和沙庆安（1990）提出了"混积岩"的概念，并利用 Mount 的成因模式很好地解释了云南曲靖中泥盆统曲靖组混积岩的成因机理，这是国内较早对混积岩的成因展开系统讨论的案例。综合而言，这个阶段的研究，诸多的学者重点关注盆地尺度内混积岩概念、岩石学分类及成因机制的讨论（Gawthorpe，1986；王国忠等，1987；Davies and Charles，1989）。

3. 20 世纪 90 年代至 21 世纪初：主控因素及沉积模式研究阶段

20 世纪 90 年以来，我国学者在借鉴了国外学者诸多成果的基础上，对国内多个地区的混积岩案例展开了详细的分析（王宝清等，1993；蔡进功和李从先，1994；江茂生和沙庆安，1995），研究内容主要集中在混合沉积机制和混积岩的主控因素（海平面变化、构造升降、风暴流及浊流等事件作用、气候变化等）。同时，建立了不同沉积环境下的沉积模式。例如，李祥辉等（1997）根据混积岩的沉积背景划分了 I 型泥质背景、II 型砂灰质背景的两类不同的沉积模式，并识别了多种沉积微相类型。同时，开始利用层序地层学的概念分析混积岩的沉积模式。例如，Sanders 和 Höfling（2000）在澳大利亚晚白垩世 Rudist 层混积岩研究基础上建立了海侵体系域–高位体系域海退过程的两个沉积模式，并认为两个体系域期间的混积特征、沉积位置及垂向序列都具有不同的特点。

4. 21 世纪初期至今：综合研究阶段

2000 年之后，混积岩的研究进入了更为综合的研究阶段。国外学者更加重视在层序地层格架内讨论混积岩的发育过程（García-García et al.，2009），同时混积岩沉积环境研究也不再局限于海相或者海陆过渡相，弧后前陆盆地（Sanders and Höfling，2000）、造山带（Parcell and Williams，2005）等陆相环境下的混积岩研究也开始得到关注。这一阶段研究过程中，除了关注海平面变化、构造因素等对混积岩发育的影响外，还考虑到与气候相关的一些因素，如季风作用、气候等（John et al.，2003）。国内学者结合中国特色开始关注陆相湖盆混积岩的研究（罗顺社等，2004；董桂玉等，2007），更为重要的是，混积岩研究开始从理论向实践进军，特别是对混积岩储层的研究，让人们对混积岩的油气地质意义

产生了浓厚的兴趣（马艳萍和刘立，2003；冯进来等，2011；解习农等，2018）。整体而言，混积岩研究正逐步走向一个新的综合研究阶段。

1.1.2　混积岩研究现状及进展

陆源碎屑与碳酸盐的混合沉积现象早在 20 世纪 50 年代就已引起国外学者的关注，经过半个多世纪的研究，已经形成较为系统的研究方向。纵观近年来混积岩研究现状，突出进展体现在以下四个方面。

1. 混积岩基本概念及分类

混积岩基本内涵在 20 世纪 80 年代初期为学术界广泛讨论。Mount（1984）首次提出混积沉积物的概念，其表述为陆源碎屑物与碳酸盐岩旋回性互层或侧向彼此相互交叉的一类沉积物。后来学术界发现，混积现象不仅有成分组构上的混合，在很多时候，陆源碎屑与碳酸盐岩可以以互层、夹层等不同的产状出现，因此，混合沉积被赋予广义及狭义的定义。混合沉积广义上是指同一沉积环境内碳酸盐与碎屑沉积物的互层、夹层及横向相变，狭义上为碳酸盐与陆源碎屑颗粒组分混合所组成的混积物。

至于混积岩分类已受到过诸多争议。Mount（1985）最早提出的三角四面体分类系统是一个立体式的分类系统，虽然较为系统，但是并不直观。随后很多的学者也根据自己的研究提出了混积岩的一些分类方案。例如，王国忠等（1987）以岩屑、珊瑚屑和介屑三个重要组分为端元进行混合分类，但这个分类只适合于生物礁生长区，而不具普遍性。杨朝青和沙庆安（1990）提出了由陆源碎屑、碳酸盐、黏土三端元组成的岩石分类图，将组分落在碳酸盐大于 25%、陆源碎屑大于 10% 范围内的岩石称作混积岩。张雄华（2000）将黏土、陆源碎屑、碳酸盐（颗粒或灰泥）作为三端元，除了将黏土＞50% 的部分称为黏土岩之外，将碳酸盐含量为 5%～95%，陆源碎屑含量为 5%～95% 的混合沉积称混积岩，比杨朝青和沙庆安（1990）划分的范围要大。另外，对于陆源碎屑岩与碳酸盐岩岩层之间频繁交替形成互层和夹层组合的形式，郭福生等（2003）将其命名为混积层系，混积层系和混积岩一起构成了广义的混合沉积。虽然在分类命名上依然存在一定的争议，但是大部分学者现今都沿用了组分命名的原则对混积岩进行命名。

2. 混积岩成因及沉积模式

Mount（1984）最早提出四类混积岩的成因过程，即间断混合、相混合、原地混合和母源混合。不同成因的混积岩可以形成不同的混积岩类型。

（1）间断混合：这是由事件成因引起的混合沉积，即如风暴、泥石流等沉积事件把沉积物从一个沉积环境搬到另一个沉积环境。这些事件沉积物往往能留下典型的突变沉积，从地层接触关系看，混积岩与上下岩性为突变关系，从沉积相的时空分布看，混合沉积是断续而频繁的，表现出明显的强水流沉积与静水沉积的交替，存在间歇性频繁出现的特点（张廷山等，1995）。

（2）相混合：沉积相混积指沉积物沿不同相之间的边界发生混合。Mount（1984）认为相混合的混合沉积界面往往是突变的，缺少渐变接触的原因可能是沉积相迁移的突变或者沉积过渡带沉积环境的突变。类似的案例可见 Belize 潟湖相内混积岩（Colacicchi and

Gandin，1982）。当然，也有一些实例证明相混合的沉积物类型不具备突变接触的特征。例如，张雄华（2003）对雪峰古陆的混积岩研究认为，陆相沉积为来自雪峰古陆的冲积扇砂砾岩，海相主要为高能的滨海滩相沉积，包括前滨海滩砂岩相、浅滩碳酸盐岩相及混积岩相，因此垂向上混积岩与上下地层均为渐变过渡关系。晚石炭世滨海带与雪峰古陆的山系相邻，雪峰古陆的强烈隆升导致冲积扇体入湖，与海相陆源碎屑岩和碳酸盐岩互层，形成不同沉积相的交互混合。

（3）原地混合：指碳酸盐组分由堆积在陆源碎屑基底之内或之上的原地死亡的钙质生物所组成。一般由生物扰动或者微弱的底流造成（Larsonneur et al.，1982）。同时叠层石或者藻类等吸附细粒的陆源碎屑物质、碳酸盐岩的化学沉淀作用都可以产生原地混合（Sepkoski，1982）。李祥辉等（1997）对龙门山地区泥盆系混积岩的研究发现，当风暴过后，生物群落迅速繁盛过程可以产生典型的原地混积现象。渤海湾盆地渤中凹陷一些隆起带发育的混积岩多数都是泥质或砂质湖岸或湖滩原地死亡的钙质生物与原地堆积的沉积物混合而成。

（4）母源混合：由邻近碳酸盐岩源区经风化剥蚀搬运到碎屑沉积物区堆积，从而形成不同组分颗粒的混合沉积。Weiss 等（1978）、Freeman 等（1983）提供了有关的实例。

除以上一些成因机制之外，张雄华（2000）还提出了岩溶穿插沉积混合的成因。董桂玉等（2007）则根据混合沉积的定义、成因、成分、结构、沉积构造及接触关系等因素，按照沉积事件+剖面结构的原则，将混合沉积作用类型分为渐变式混合沉积、突变式混合沉积和复合式混合沉积，其中复合式混合沉积又分为复合式混合沉积Ⅰ和复合式混合沉积Ⅱ。他与 Mount 观点的主要区别在于，Mount 强调局部的成因机制，而董桂玉更强调区域因素对混积岩的影响，不同的成因机制分别对应于不同的成分、结构和上下接触关系。

总体来看，根据目前混积岩命名及混积过程，陆源碎屑与碳酸盐混合沉积包括两类：一类是在成分上混积的沉积物——组分混积（狭义）；另一类是陆源碎屑与碳酸盐岩以互层、夹层等不同的产状出现的混积层系（广义）（王冠民，2012）。显然，组分混积所形成的沉积作用过程更具有沉积学指示意义。例如，由事件成因引起的混合沉积，如风暴、泥石流等沉积事件把沉积物从一个沉积环境搬到另一环境（Komatsu et al.，2014；Puga-Bernabéu et al.，2014）；由于周期性潮汐作用或季节性湖平面变化导致生物碎屑、陆源碎屑或碳酸盐岩化学沉淀的沉积物混积（Longhitano，2011；Braga et al.，2012）；沿不同沉积相之间的边界发生混合（董艳蕾等，2011）；陆源碎屑间歇性补给与生物群落繁盛过程亦可产生典型的原地混积现象（Dunbar et al.，2000；Isaack et al.，2016）。

前人研究表明各种沉积环境中都可出现混合沉积（张锦全和叶红专，1989）。国内外学者建立了多个不同沉积环境下的混积岩沉积模式。滨海相和滨浅湖相是混积岩形成的有利区（丁一等，2013；Tomassetti and Brandano，2013；Gomes et al.，2015），其次是浅海大陆架、陆表海、三角洲相等。例如，滨海地区混积岩沉积模式多与沿岸流和回流相关，河口或滨岸海滩的陆源碎屑物质被这些潮流带到碳酸盐沉积区混合沉积（蔡进功和李从先，1994；沙庆安，2001；Sarkar et al.，2014）。大陆架珊瑚岸礁和堡礁周围广泛发育着礁源碳酸盐和陆源碎屑组成的混合沉积（Amado-Filho et al.，2012；Harper et al.，2015），其沉积模式显示生物体组成了稳定的生物礁格架，大量陆源砂砾堆积和镶嵌在礁格架中形成混积岩，混积岩多为层状或透镜状岩体。除此之外，活动大陆边缘（Dorsey and Kidwell，

1999）、前陆盆地（Parcell and Williams，2005；Reis and Suss，2016）、深水斜坡（董桂玉等，2008；Komatsu et al.，2014）等特殊的地区亦有混积岩沉积。例如，热带大陆架由于海平面变化导致陆源碎屑变化的混合沉积区（如 Abrolhos 陆架）（D'Agostini et al.，2015），或者陆架区广泛发育的红藻石等（Brandano and Civitelli，2007）。

3. 混积岩发育演化的控制因素

海（湖）平面变化、物源供给被认为是混合沉积的主要控制因素。传统的观点认为随着海平面下降，陆源碎屑过多带入会影响碳酸盐岩发育，因此，海平面升降变化将在陆源碎屑与碳酸盐岩沉积的过渡地带产生重要影响。Yose 和 Heller（1989）提供了海平面升降变化控制下的混积岩沉积过程：高水位期，外斜坡被淹没，盆地处于饥饿沉积状态，以泥质沉积为主，随着海平面快速下降，外斜坡生物浅滩遭受冲刷向盆地中心提供了大量的生物碎屑物，形成了混合沉积。一些学者将混积岩发育演化与层序地层挂钩（Garcia-Mondejar and Fernandez-Mendiola，1993；Martin，1995），如在高位体系域发育的碳酸盐岩碎屑物质，当进入低位体系域时可以越过大陆架进入盆地，就会出现混合沉积，特别是由于海平面下降导致的重力垮塌造成的浊流沉积构成了低位域混积岩沉积的经典模式（Miller and Heller，1994）。李祥辉（2008）总结了层序地层中的混合沉积作用，他认为以原地混合沉积或者突变事件造成的间断混合是低位期产生混合沉积的主要方式，其主控因素在于相对海平面的变化，海侵（湖侵）体系域混积作用不明显，而在扬子西缘龙门山区识别出了较厚的海侵混积岩（李祥辉等，1997），这可能与较长时间的海侵过程及较快的海退有关。海侵期由于海侵抑制陆源碎屑沉积而难以发生混积作用，但是在接近暴露的滨岸带或者沿岸流发育的地带仍易发生混积（El-Azabi and El-Araby，2007），海侵体系域的混积作用与物源供给有较大的关系。高位体系域的混积作用主要发生在晚期，由于晚期陆源碎屑的大量供给，可以形成相混合、间断混合或者原地混合沉积等混积岩（Bechstädt and Schweizer，1991）。显然，海（湖）平面变化与物源供应决定了混积岩发育的层序部位。

除此之外，构造升降、古气候及水动力作用等因素也是控制混积岩发育的重要因素（Yang and Kominz，2002；Navarrete et al.，2013）。构造因素通过控制盆地的形态、类型、沉积-沉降速率、盆地结构而影响混积岩发育（江茂生和沙庆安，1995）。Dolan（1989）认为活动大陆边缘混积岩发育较为显著。盆地沉积物有时对气候变化是极其敏感的，这也导致盆地内的沉积物记录有时候不是海平面变化引起的，而是气候变化的产物。典型实例是西班牙南部 Guadix 盆地托尔顿阶的沉积记录，640m 厚的沉积地层包括了 30 多个沉积韵律，海平面的升降不太可能形成如此高频的韵律沉积，故其成因与气候变化有关（Garcia-Garcia et al.，2009）。海洋及湖泊丰富的水动力条件已被证实对混积岩形成具有重要的影响，这些水动力条件包括潮汐、洋流、风暴及浊流等。Longhitano（2011）对地中海中部地区混积岩的研究发现，混积岩沉积明显呈韵律序列，即在低潮差（高流态）期带来碎屑沉积与生物碎屑混积；至高潮差（低流态）则沉积较薄的生物碎屑前积层，以此形成垂向上多个碎屑岩层与生物碎屑层混合沉积序列，混积岩分布则受控于特定的地貌单元，如海峡及海湾沉积，特殊的地貌单元加速了潮汐的流速，从而通过调节波浪的周期性运动将沉积物带入特定的沉积场所。

4. 混积岩储层成岩演化特点

混积岩储层含有一定量的碳酸盐矿物，使其成岩演化既不同于碎屑岩，也不同于纯碳酸盐岩，其中白云石化混积岩往往具有良好的储层物性。在碳酸盐岩研究领域，白云岩成因是最具争议和最为复杂的科学问题之一，白云岩的沉积和成岩环境、成岩流体的来源和性质、白云石化过程和相关的成因模式等，一直是地质学家探索的前沿领域（Hardie et al.，1986）。几十年来形成了诸多白云石化成因模式，如蒸发模式、渗透回流模式和埋藏模式等，白云岩成因研究的突出进展体现在：①微生物和生物化学成因（Folk，1993；于炳松等，2007；Bowen et al.，2008；Meister et al.，2011）；②构造控制的热液白云石化（HTD白云岩）成因（Boni et al.，2000；Warren，2000；Duggan et al.，2001；Al-Aasm et al.，2003；Davies and Smith，2006）；③特殊热液条件下原生化学沉淀成因（Deckker and Last，1988；郑荣才等，2003，2006；柳益群等，2011）。

整体来看，与碎屑岩储层相比，湖相混积岩储层成岩演化具有以下特点：其一是常常保存与生物组构有关的原生孔隙，如生物骨架孔隙、生物体腔孔隙及生物钻孔等，成岩期次生孔隙有时也与生物组构有关，如粒内溶孔（鲕内溶孔、螺内溶孔等）、铸模孔（如腹足类、介形虫和鲕粒的壳体内部被完全溶蚀形成的铸模孔）。其二是独特的成岩作用或事件，如白云石化作用，准同生白云石化作用、埋藏白云石化作用均可使原始沉积的组分被白云石化形成白云岩，当石灰石被白云石交代时，必然导致体积收缩、孔隙度增加（Warren，2000）。其三是热流体活动，盆地内热流体活动是当前沉积学领域研究的热点问题之一，热流体活动不仅导致各种水-岩相互作用，改变矿物组分与结构，而且还会导致孔隙结构或空间（储层物性）的明显变化（解习农等，2006）。混积岩富含碳酸盐组分，因此对热流体活动较为敏感，如形成与热流体活动相关的鞍状白云石，甚至还可能出现热液白云岩，常常可以见到一些与热液成因有关的矿物组合，如闪锌矿、方铅矿、黄铁矿、重晶石、萤石等（金之钧等，2007）。诚然，由于各个盆地地质条件差异很大，导致混积岩所经历的成岩事件/作用也不尽相同，相应地，成岩演化及储层物性差异明显，既可能有优质储层发育，也可能有极差储层发育，因此，需要认真研究和分析。

1.2 陆相湖盆混积岩发育特征

尽管已证实混积现象存在于多个沉积环境中，但大部分的研究实例依然存在于滨浅海和大陆架地区，对于陆相湖盆的混积岩研究较少，而我国陆相地层广泛发育，形成了较为丰富的混积岩类型。就岩性而言，不同地区混积岩岩性差异较大，有以陆源碎屑为主的（梁宏斌等，2007），也有以碳酸盐岩为主的（董桂玉等，2009），此外还有一些特殊岩性的混积岩，如火成岩与沉积岩的混积（郑荣才等，2006；柳益群等，2011；赵会民，2012；文华国，2013）。

与海相混积岩相比，陆相混积岩的成因过程与沉积主控因素研究报道相对较少。陆相盆地混积岩发育主要受控于沉积环境，滨浅湖被认为是混积岩的重要发育地区。罗顺社等（2004）将陆相混合沉积依据背景环境划分为扇三角洲型、辫状河三角洲型、近岸水下扇型和湖泊型4种类型，如扇三角洲前缘位于水下坡度较缓的浅湖地带，咸化湖水受到河流注入水的影响，有利于碳酸盐岩的生成，因而在此区域易形成混合沉积。

总体来看，陆相湖盆混积岩发育具有以下一些特点：①岩性更为复杂，陆相湖盆具有更近物源的特点，导致不同地区主要的混积岩岩性差异较大，有以陆源碎屑为主的（梁宏斌等，2007），也有以碳酸盐岩为主的（董桂玉等，2009），还有一些特殊岩性的混积岩，如火成岩与沉积岩的混积（赵会民，2012）。②滨浅湖是混积岩的重要发育地区，亦与该地区的地形、沿岸流发育等因素有关，因此，陆相湖盆的混积岩沉积模式多以滨浅湖为主。滨浅湖沉积模式由陆向湖大致可分为混积砂滩、混积砂坝和半深湖-深湖混积等相带。受控于不同因素，由陆向湖，陆源碎屑逐渐减少，生物碎屑逐渐增加，混积方式多由原地混积过渡为相混积，向湖盆中心亦可发现间断混积的现象（张金亮和司学强，2007；张娣等，2008）。③与海相混积岩相比，陆相混积岩的沉积控制因素也具有一定差异，特别是气候因素，在湖相盆地中对混积岩形成具有重要影响（董桂玉等，2009；赵会民，2012），同时构造作用、物源也被认为是陆相湖盆混积岩的重要控制因素（王金友等，2013）。④与海相混积岩相比，陆相混积岩成岩作用可能更容易受到后期大气淡水溶蚀作用的影响，准同生期或成岩早期大气淡水下渗溶蚀及改造对混积岩储层产生明显影响，有时为储层孔隙保存或次生溶蚀孔隙发育提供了良好的条件。马艳萍和刘立（2003）、冯进来等（2011）、禚喜准等（2013）、解习农等（2018）都报道了不同地区混积岩优质储层发育的实例。这些实例为混积岩有利储集带预测提供了典型的范例。

第2章 渤海海域地质背景

2.1 渤海海域地质概况

渤海湾盆地是叠置在华北中生界—古生界基底上的新生代克拉通裂谷断陷盆地，西北受限于燕山山脉，西部受限于太行山脉，东部是胶辽隆起，南部是鲁西隆起，整个盆地约20万 km²。整个渤海湾盆地的发育经历了古近纪的裂陷期和新近纪的裂后期。以古近系沉积发育为基础，考虑新近系的分布等因素，将盆地划分出下辽河拗陷、冀中拗陷、黄骅拗陷、济阳拗陷、临清拗陷、渤中拗陷和埕宁隆起、沧县–内黄隆起等次级构造单元。渤海油田位于渤海湾盆地的中东部，海域面积 7.3 万 km²，大于 5m 水深的可勘探面积 5.2 万 km²，在构造区划上由 14 个凹陷和 10 个凸起组成（图 2-1）。

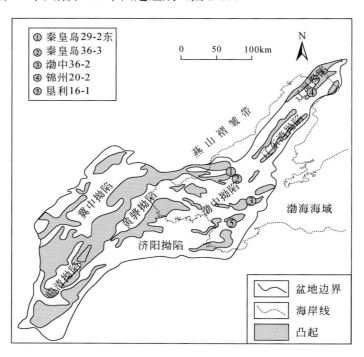

图 2-1 渤海湾盆地构造单元划分与渤海油区分布位置

渤海油田的主体——渤中拗陷是渤海湾盆地最大的凹陷，是下辽河拗陷、黄骅拗陷、济阳拗陷向海域的自然延伸。具体表现为由北部的下辽河拗陷向海域延伸的辽西、辽中、辽东凹陷及辽西、辽东隆起等单元；西南部的黄骅拗陷向海域延伸的歧口、北塘、南堡凹陷等；南部的济阳拗陷向海域延伸至青东、莱州湾、黄河口凹陷和莱北低凸起；处于渤中拗陷中心的渤中凹陷则是渤海湾盆地沉降和沉积中心。从成盆动力机制看，渤海海域是在地幔热隆起（伸展动力学机理）和斜向挤压（走滑动力学机理）双动力源作用下形成的，郯庐走滑断裂营维段呈 NNE 方向纵贯全区，在多期走滑活动，特别是新构造运动时期强烈的右旋走滑作用的影响下，盆地结构表现为伸展与走滑双控型盆地结构特征，总体属于受走滑作用改造的复杂克拉通内裂陷盆地。

渤海海域及周边由不同方向、不同性质的基底断层控制的断陷构成相对独立而又相互联通的 5 个断陷区（带），即辽东湾断陷带、南堡-歧口断陷带、渤东-庙西断陷带、黄河口-莱州湾断陷区和渤中断陷区。不同断陷区（带）的盆地结构特征既存在共性也有明显的差异。

2.2　渤海海域新生代构造演化历史

盆地结构及构造变形记录了盆地构造演化过程。渤海湾盆地具有裂陷盆地的典型特征，即古近纪为由岩石圈裂陷作用形成的以正断层为主的基底断裂控制的断陷盆地，新近纪－第四纪为由岩石圈热衰减作用形成的拗陷盆地。控制裂陷盆地形成和演化的主要是两个动力学因素：一是引张作用使岩石圈发生伸展构造变形；二是热活动使岩石圈热胀隆起和冷却下沉。由于这些动力学因素在裂陷作用过程中是变化的，导致盆地演化过程中的盆地结构和构造变形方式也有变化。

渤海海域新生代构造演化受到西太平洋板块俯冲、印度洋板块碰撞等周缘板块运动及地幔热活动等多动力源的影响（图 2-2），郯庐断裂左旋到右旋的转变、拉张作用与走滑作用强弱的转变、地幔上涌水平拉张到热沉降的转变等作用样式同时进行，不同性质的应力方向及大小的变化是决定这些转变的直接因素。

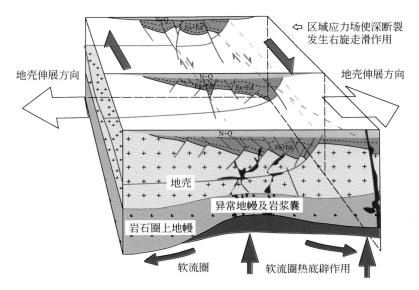

图 2-2　渤海海域新生代构造演化动力模式图解

古近纪早期的构造活动被地幔热隆起引发的区域性拉张作用所主导，上地幔上隆和软流圈在岩石圈底部的侧向流动导致地壳引张破裂，以伸展构造变形为主，这种引张应力在渤海湾盆地不同地区具有不同的作用方向，辽东湾拗陷以 NWW-SEE 向引张为主，渤中拗陷具有近 SN 向和 NNE-SSW 向双向引张特征，渤南地区以近 SN 向引张占主导地位，不同方向的拉张作用直接导致了不同走向的区域性大断裂的发育，如辽西 1 号、辽中 2 号、莱北断裂、黄北断裂等，这些断裂开始控制次级单元的构造沉降，对盆地结构样式具有明显的控制作用。同时，中生代郯庐断裂带的左旋走滑活动仍在继续，但在古近纪早期已有所减弱。

在古近纪中期，受太平洋板块俯冲方向转变的影响，渤海湾盆地一些 NNE 向深断裂（特别是郯庐断裂带）开始发生右旋剪切作用，板块边界的相对运动产生的构造应力传递到板块内部与地幔热活动形成的地壳引张的构造应力叠加在一起，使地壳应力复杂化，整体上表现出区域引张应力场叠加有右旋走滑的特征。

古近纪晚期，因为区域性地幔热活动引发的伸展作用有所减弱，板块构造动力对郯庐断裂带作用引起的走滑作用相对增强，应力配比有所改变，所以在这一时期，渤海海域一系列走滑及其相关派生构造开始发育，东部地区一些大的区域性断裂走滑活动明显，如辽中 1 号断裂、辽中 2 号断裂，莱州东支和莱州西支在这一时期走滑特征明显，相关的次级走滑调节断层及增压释压弯曲开始发育，走滑作用对构造单元的发育虽然只起到后期的改造作用，但是仍然是控制这一时期渤海海域构造演化的主导因素。

至新近纪，渤海湾盆地进入热沉降阶段，地幔热隆起引发的拉张作用已经近乎消失，板块活动引发的右旋走滑作用占据主导地位，走滑应力与拉张应力配比更加悬殊，正断层活动不明显，局部拉张活动也是由走滑作用派生而来的，因此断层垂向活动性并不明显。走滑作用成为控制盆地结构的主导因素。走滑及其派生构造也继承古近纪时期的构造发育。

根据不整合面分隔的层序结构、沉积旋回和盆地沉降、构造变形特征，将渤海海域及周边新生代盆地构造演化过程划分为表 2-1 所示的演化阶段和期次。从层序结构和沉积旋回看，渤海湾盆地具有裂陷盆地特征。新生代渤海海域的盆地构造演化具有多幕裂陷、多旋回叠加、多成因机制复合的特征。渤海新生代构造演化可分为四个阶段：孔店组沉积期为裂陷伸展 I 幕，沙四段到沙三段沉积期为裂陷伸展 II 幕，沙二段—东一段为裂陷伸展III幕，馆陶组至明化镇组为湖盆萎缩阶段。不同演化阶段的盆地原型结构特征不同，同一演化阶段也会因所处区域构造位置的不同，使沉积凹陷（盆地）的原型结构可能存在差异。

2.3　渤海海域新生代地层沉积序列

从目前钻井所揭示的地层来看，渤海海域前新生代地层包括太古宙—古元古代变质岩系、中—新元古代海相轻微变质岩、早古生代稳定型海相沉积、晚古生代海陆交互相沉积和中生代陆相沉积，这些地层构成了渤海新生界沉积的基底，为渤海古近纪乃至新近纪沉积提供了多样化的物质来源。幕式构造旋回控制了沉积充填类型与特征的旋回性演化，形成了最早期的孔店组至最晚期的平原组总计 9 套沉积地层。

表 2-1 渤海湾新生代盆地构造演化简表

地层				厚度/m	主要沉积相		构造运动学特征和演化
第四系				100~200	洪、冲积相	后裂陷阶段	区域性整体沉降，形成大尺度的碟状拗陷盆地。盆地正断层基本不控制沉积，走滑断层继续活动
新近系		明化镇组		1000~2500	洪、冲积相	湖盆萎缩阶段	
		馆陶组		1000~2000	洪、冲积相		*渤海湾升降*
古近系	渐新统	东营组	东一段	200~600	洪、冲积相	裂陷伸展Ⅲ幕	基底次级断层活动减小，盆地盖层断层大量形成；NNE 向基底右旋走滑断层活动并影响局部的沉降中心的迁移
			东二段	500~1000	河流、三角洲 半深湖、浅湖		
			东三段	300~700			
		沙河街组	沙一段	200~1000	半深湖、浅湖 河流、三角洲		*济阳升降*
			沙二段	200~1000		裂陷伸展Ⅱ幕	铲式正断层、旋转正断层控制的断块掀斜运动，相对稳定的半地堑湖盆
	始新统		沙三段	1000~3500	深淡水湖泊		
			沙四段	100~1000	河流、盐湖		*孔店升降*
		孔店组	孔一段	300~1500	干盐湖 闭塞湖盆 湖泊、河流	裂陷伸展Ⅰ幕	高角度正断层控制的断块差异升降运动，早期块块掀斜不明显，形成闭塞的分散小湖盆
	古新统		孔二段	500~1500			*华北升降*
			孔三段	400~1000	洪、冲积相		区域热隆升
前古近系						前裂陷阶段	

古近系的孔店组和沙四段沉积期总体处于裂陷Ⅰ幕，是盆地演化的初陷期，在海域范围内主要表现为众多相互分隔的次级洼陷，发育干旱环境红层、咸化湖环境白云岩与石膏，以及近源砂砾岩体。受后期多期构造运动改造，孔店组与沙四段保存地层具有残留特征。沙三段形成于裂陷Ⅱ幕，为盆地演化的主裂陷期，随着盆地快速沉降，湖盆面积快速扩张，前期各凹陷大多相互连通；至沙三中亚段沉积期湖盆面积达到最大，盆内物源剥蚀区规模快速减小，粗粒沉积范围有所减小，主要沉积一套厚层深灰色泥岩、油页岩为主的细粒沉积，是渤海海域最重要的生烃岩系。沙三期之后，存在一次大规模构造隆升和大范围湖退，在其顶部形成区域性不整合面。之后的沙一、二段沉积期为裂陷间歇期，构造运动以整体缓慢沉降为主，沉积与沉降总体均衡。其中沙二段沉积期以盆外物源和继承性大型凸起为物源区，发育大型辫状河三角洲沉积，是渤海碎屑岩储层分布最广的时期。同时，由于差异沉降和局部断裂持续活动形成的局部构造抬升，一些凸起倾末端、低凸起和凹中低隆均可提供物源，在大型水系影响较小的构造位置，往往发育近源扇三角洲沉积，而在陆源碎屑供应的间歇期，在局部地貌较高位置或水下孤立隆起处往往发育与陆源碎屑相伴生的混合沉积。随着水体持续扩张，沙一期部分低凸起及更小级别的凹中低隆没入水下，是渤海

生物碳酸盐分布最广的时期。至东营组沉积期构造再次活化，盆地沉降速率加大，在东营早期发育以厚层的泥岩为主的地层，是渤海另一套重要的生烃岩系，并且可作为前期各类沉积储层的良好区域性盖层。至东营组沉积的中晚期，盆地演化转入裂后热沉降阶段，随着沉积充填速率加大，湖盆面积逐步减小，发育大型河流三角洲沉积（图 2-3）。

新近系以来是渤海的湖盆萎缩期，构造演化以整体沉降为主，渤中拗陷逐渐成为渤海湾盆地的沉积、沉降中心，海域范围内主要受盆外物源的影响。馆陶组沉积了以辫状河沉积为主的地层。至明化镇组沉积期，由于郯庐走滑断层强烈的右旋走滑活动，渤海大部分地区处于河湖交互的沉积环境之下，在各凹陷的边缘及斜坡区主要为河流相沉积，在凹陷的中心部位或远离盆外物源补给部位则广泛发育滨浅湖和极浅水三角洲沉积，这是渤海新近系与周边陆区最大的差异。平原组主要为砂泥互层，以泥岩为主的滨浅海沉积。

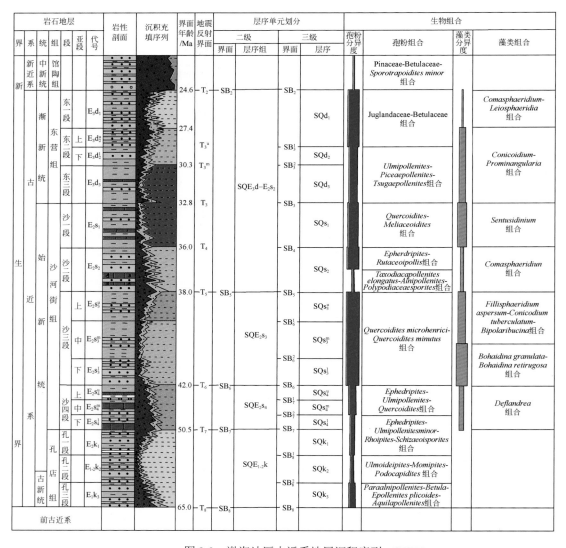

图 2-3 渤海油区古近系地层沉积序列

2.4 渤海海域混合沉积勘探历程

尽管已经证实混积现象存在于多个沉积环境中，但是近 20 年的研究表明，大部分实例依然存在于滨浅海、大陆架地区，对于陆相湖盆的混积岩研究较少。

渤海是中国唯一的内海，海域面积 7.3 万 km^2，可供油气勘探的盆地面积 5.1 万 km^2，其中属于中海油即渤海油田的矿区勘探面积 4.6 万 km^2。1965 年 1 月，石油工业部做出"上山、下海、大战平原"的战略决策，决定在海上建造平台。1965 年 8 月成立海洋石油勘探指挥部，并于 1966 年 12 月 15 日完成我国第一座桩基式海上平台，同年 12 月 31 日，我国第一口海域石油探井——海一井开钻，1967 年 5 月 6 日完钻，在明化镇组及馆陶组发现油层，6 月 14 日在明下段喷出原油，测试日产原油 35.2t、天然气 1941m^3，从而揭开了渤海海域油气勘探的序幕。截止到 2018 年年底，渤海油田累计钻探探井 940 口。其中钻遇规模型混合沉积的探井 88 口，主要集中分布在 18 个构造，发现了以锦州 20-2、秦皇岛 29-2东、渤中 13-1 等一批以混积岩储层为主要含油目的层的油气田或含油气构造。

渤海海域混合沉积的勘探历程与全海域的整体勘探历程是密不可分的。回顾渤海油田自 1966 年海一井钻探至今 50 多年的勘探历程，大致可以分为早期的零星钻探发现期、中期的油气田集中发现期、后期的研究探索期和目前的理论与实践丰收期四个阶段。

1. 第一阶段（1965～1979 年）：以凸起潜山勘探为主的起步摸索阶段，整体勘探成效差，零星钻遇混合沉积

该阶段以渤海自营勘探为主，以周边陆上勘探经验为指导，进行潜山和古近系为主的勘探，仅发现为数不多的小型油田，勘探成效不佳。自 1965 年开始渤海海域的油气勘探直至 1979 年，海上的油气勘探总是随着周围陆地勘探经验往前走。认为海域是华北盆地的组成部分，油气成藏条件和规律应该和周围差不多，只要跟随周围陆地的经验进行勘探就可以成功。陆地发现了古近系油田，海域也去寻找相似的油田，陆地发现了古潜山油田，海域也去寻找古潜山油田，忽视了海域自身油气成藏的特殊性。这一时期主要勘探工作集中在渤海海域近岸区和新生代沉积厚度较薄的隆起区，本阶段共完成二维地震 119656km，51 口预探井中，有 16 口井钻在近岸的歧口凹陷、12 口井钻在沙垒田凸起、8 口井钻在石臼坨凸起及其倾没端上，另有 15 口井分别钻在渤东、渤南、埕北、辽西等隆起带。钻探结果很不理想，十多年的时间，仅发现了 5 个小油田。由于没有经验，在没有探明油气分布、储量规模的情况下，没有经济评价和风险分析，就试行边勘探边进行油田开发，效果肯定不好。此阶段在低凸起区或凹中隆起区钻探中零星发现了部分混合沉积，如 13B5-1、H17、BZ6 等。

2. 第二阶段（1980～1994 年）：以古近系为主的高效勘探阶段，合作与自营并重，发现多个以混积型储层为主的油气田

伴随着中国的改革开放，中海油渤海油田成为最早与国外石油公司合作、引进国外资金和技术的国内石油单位，自 1980 年开始先后有美国、英国、法国、日本等国的十多家

跨国石油公司参与渤海油气勘探，共签订了 23 项石油合同和联合研究协议，整个渤海油田所属探区，除北部的辽东湾探区外，其他探区包括渤中、渤西、渤南等几乎均纳入了合作范围。

在合作勘探方面，可分几个阶段。第一阶段始于 1980 年，与日本日中石油及法国 ELF 签署两个双边石油合同，日中石油完成二维地震测线 27014km，钻探井 21 口，在黄河口凹陷发现渤中 28-1、渤中 34-2/4 油田及一些含油气构造，探明石油储量 4381 万 t，天然气储量 55 亿 m^3。同时在沙南凹陷东侧海 17 井附近，钻探了曹妃甸 13-1 构造，3 口井均见油气显示，其中 CFD13-1-1 井见油气流，主要目的层段为古近系沙一、二段的混积岩储层。ELF 合作区完成勘探义务工作量，钻探井 3 口，见到油气显示，但未发现油气田，于 1984 年退出合同。第二阶段始于 1987 年，相继和美国、英国、澳大利亚等国的 EXXON、TEXCO、CHEVRON、BP、KMG、PHILIPS、BHP 等石油公司签订了 21 个石油合同。其中，EXXON、CEVRON 进入辽东湾，首先开展了 1889km² 大规模连片三维地震勘探。EXXON 以古近系为主要目的层钻了 6 口探井，发现了被认为没有商业价值的锦州 31-1 小气田。CEVRON 以潜山为主要目的层，钻了 5 口探井，仅获得油气显示。PHILIPS 的 11/05 合同区，覆盖了渤中拗陷及其东部的渤南、庙西隆起，合同区义务探井 5 口，完成二维地震 1.4 万 km，三维地震 1219km²，截止到 1994 年年底以古近系及潜山为目的层完成探井 4 口，发现 2 个含油构造——渤中 36-2、蓬莱 14-3，其中在渤中 36-2 构造区沙一段和东三段发现混积岩储层，但分析认为没有商业价值。BP 合同区覆盖了石臼坨隆起及其周围，合同期完成勘探义务工作量，二维地震 1172km，钻探井 3 口，没有任何油气发现，于 1994 年 9 月退出合同，使这个区块回归自营勘探。KMG 的两个合同区覆盖了石臼坨隆起及其周围，到 1994 年年底以古潜山为主要目的层，共钻 5 口探井，发现曹妃甸 2-1 小油田，含油层系为古近系沙河街组沙一、二段和奥陶系潜山，认为沙一、二段混积岩储层分布局限、储层薄，没有独立开发的价值。截止到 1994 年年底，与国外各大油公司在渤海的合作勘探中没有取得突破，没有经济性的发现，合作伙伴认为渤海是高风险的油气勘探区，勘探前景不乐观，后逐渐退出合作。

与此同时，中海油以辽东湾为主要探区，开展了自营勘探。本阶段做二维地震 39817km，三维地震 1405km²，钻探井、评价井 84 口，取得了渤海海域油气勘探的重要突破。1982 年开始在辽东湾开展了区域性的二维地震勘探，在区域研究评价的基础上，以辽西低凸起为主要方向开展钻探。1984 年，发现了锦州 20-2 油气田，储层是始新统沙河街组沙一、二段混积岩，中生界火山岩和太古宇花岗岩，具有跨不同层系构成相同油气水系统的油气田，天然气储量 135 亿 m^3，是渤海海域最大的天然气田。1987 年发现了绥中 36-1 大油田，这是辽西潜山带中北段的一个披覆背斜，主要储层是渐新统东营组的三角洲相砂岩，油层物性好，厚度大，油水系统较简单，探明储量近 3 亿 m^3，这是当时渤海海域油气勘探 20 多年来发现的唯一亿吨级大油田。同时在该构造东部斜坡带，多口井在沙一、二段发现了一定规模的混积型储层。1988 年，在渤海油田所属的辽东湾探区北部，中央凸起南倾末端，发现了锦州 9-3 油气田，始新统沙河街组沙一、二段混积岩发育，是该油田的主要储层段之一。

本阶段约 15 年的勘探，是对外合作的高潮期，合同区面积大，投入勘探工作量也较大，外国石油公司使用了当时的先进勘探技术，却没有取得应有的油气发现，最主要的问题还是合作的石油公司缺乏对渤海区域石油地质条件的全面了解，限于各合同区的孤立研究，而且把勘探的主要目的层局限在古近系及潜山，勘探连连失误，没有获得商业性的油气发现。但是，这一阶段的对外合作，完成了大量地震勘探和大批探井钻探，揭示了不同区域、不同层位的地质情况，取得了丰富的地质资料，为以后的油气发现奠定了扎实的资料基础。第二阶段在辽东湾的自营勘探是在区域勘探研究的基础上，选定辽西凸起为主要勘探方向，使渤海油气勘探取得第一次突破。

3. 第三阶段（1995～2005 年）：以新近系为主的大油田群集中发现阶段，混积型储层研究开始

20 世纪 90 年代初期，即辽东湾古近系的高效勘探发现后期，短期陷入了勘探成效欠佳的低迷期，同时也考虑到古近系勘探受储层物性及储层预测方法等因素制约，渤海勘探人对复式成藏理论指导下以古近系为主要目的层的勘探策略进行了审慎思考，勘探策略又逐渐往埋藏更浅的新近系转移。随着对渤中凹陷构造演化、烃源岩展布特征，以及对环渤中凹陷各凸起区新近系油气聚集条件认识的逐步深化，认识到凸起区新近系成藏条件优越，成藏潜力巨大，并创新建立了"晚期成藏理论"：①渤海海域新构造运动极其活跃，它调整和控制了渤中拗陷及其周围油气的最终成藏和油气田的定型分布；②新构造运动控制了晚期生排烃；③新构造运动控制新近系圈闭晚期定型；④新构造运动控制强化了油气向浅层的运移，油气可能存在快速、幕式成藏，促进了浅层油气富集。

在"晚期成藏理论"的指导下，在渤中拗陷北部的石臼坨凸起上进行自营勘探，1995 年 6 月发现了秦皇岛 32-6 新近系大油田，探明储量 1.7 亿 m³，从此，揭开了新近系大油气田群发现的序幕。1996 年在石臼坨凸起上又发现南堡 35-2 亿 t 级油田，从此开始了渤海海域以新近系为主要目的层的油气发现新高潮，迎来了渤海油气勘探的春天。

自营勘探发现新近系大油田的新认识和经验，带动了合作伙伴把勘探目的层由古近系、古潜山转移到新近系。1999 年，PHILIPS 钻探渤南低凸起上的蓬莱 19-3 构造，发现了地质储量大于 6 亿 m³ 的大油田；KMG 发现了沙垒田凸起上的曹妃甸 11-1、曹妃甸 12-1 两个亿吨级大油田；PHILIPS 又发现蓬莱 25-6 油田；随后 CHEVRON、TEXCO 也加入了新近系的勘探，均有斩获，渤海出现了新近系油气发现的最高潮。1995～2000 年共发现了秦皇岛 32-6、南堡 35-2、渤中 25-1 南、蓬莱 19-3、曹妃甸 11-1、曹妃甸 12-1、蓬莱 25-6、旅大 32-2、旅大 27-2 等十多个大中型油田，发现三级石油地质储量约 17 亿 m³，奠定了渤海以浅层稠油油气藏为主的储量结构。

虽然这一阶段勘探重点与油气重大发现均集中在新近系，但对渤海中深部勘探并没有放弃，在中深部储层研究攻关过程中，勘探研究人员逐渐认识到混合沉积作为一类特殊的储集类型，储层质量好，油气产能高，在古近系整体储层质量差的背景下具有一定勘探潜力，开始对渤海钻遇混合沉积的情况进行梳理研究，并沿用传统的湖相碳酸盐岩生物滩的沉积模式，对其分布规律和控制因素做了一定探索。该阶段发现了秦皇岛 30-1、渤中 13-1、渤中 29-4 等几个发育有混合沉积的小油田或含油气构造，也成功预测了锦州 25-1 南构造 8 井区混合沉积的存在，但没有重大突破。

4. 第四阶段（2006 年至今）：多层系立体勘探阶段，混合沉积领域勘探获得重大突破

为配合实现国家稳定东部、发展西部的油气资源战略目标，保障我国能源供给和能源结构调整目标，渤海油田提出了"十一五"末（即 2010 年）上产 3000 万 t 的产能规划。而实现这一目标，仅仅立足新近系勘探目标是远远不够的，满足不了巨大的储量与产能缺口，为此，结合渤海油田勘探现状与综合石油地质条件，提出了拓展勘探新近系、深化勘探古近系、探索勘探古潜山的多层系立体勘探思想，在此思想指导下，在"十一五"与"十二五"期间，渤海油田年均新增探明石油地质储量约 2 亿 m^3 油当量，古近系混合沉积领域勘探也获得了重大突破。

2009 年 4 月，在石臼坨凸起东倾末端南侧陡坡带，钻探了 QHD36-3-1 井，在主要目的层沙一、二段获得了较好的油气显示，其中一颗井壁取心为含生屑岩屑砂岩，实测孔隙度 30.3%、渗透率 607.64mD（$1mD=0.986923×10^{-3}μm^2$），用 14.29mm PC 油嘴经 DST 测试平均日产油 341.7m^3，平均日产气 21111m^3，该井的钻探初步揭示本区沙一、二段混合沉积型储层勘探的潜力。随后在同年 7 月钻探的 QHD36-3-2 井，在沙一、二段取心两桶（心长 17.73m），岩性主要为含陆源碎屑的生物碎屑白云岩，岩心实测平均孔隙度 27%、渗透率 442mD，首次以岩心实物资料的形式证实了本区混合沉积发育、储层质量好，是中深层勘探的理想领域。同年 10 月钻探第三口评价井，最终该构造落实探明储量 900 多万立方米、三级地质储量 1000 多万立方米，为一中型油田。

受秦皇岛 36-3 构造钻探鼓舞，勘探人员对石臼坨凸起东段围区沙一、二段勘探充满了信心，随后在其北侧靠近秦南凹陷一侧陡坡带对秦皇岛 29-2 东构造进行了钻探及评价，首口预探井 QHD29-2E-1 井于 2009 年 10 底开钻，在沙一、二段获得油气层发现，储层段发育有混积岩，但规模有限。通过进一步深入研究，认为该构造东侧沙一、二段厚度大，储层发育程度高，于 2011 年年底至 2013 年年初，先后部署并钻探了 5 口井，除 QHD29-2E-3 井钻井位置偏高，沙一、二段不发育导致钻探失利外，其他四口井均获得了可喜发现，特别是 QHD29-2E-4 井，在沙一、二段钻遇厚达 200 多米的含生物碎屑的砂砾岩，测井解释基本全部为油层，用 15.48mm 油嘴经 DST 测试，初期日产油 253.2t，后经酸化处理，酸化后产能达 1048m^3/d，该井单井油层厚度、单层油层厚度、单井测试产能均创下了当时渤海油田的新纪录。最终勘探实践证明，秦皇岛 29-2 东构造沙一、二段混积型储层中探明储量达 5500 多万立方米，整个油田为一个亿吨级的大型油气田，油藏类型为构造背景下的复合型油气藏，是渤海油田古近系岩性油气藏勘探领域获得的首个规模型有商业价值的油气田。

第3章 混积岩划分方案及岩性相分类

3.1 混积岩定义及分类体系

渤海海域是迄今为止我国报道发育混积岩最多的区域，在多个构造带都发现了独特的混积岩现象（罗顺社等，2004；董艳蕾等，2011；宋章强等，2013a，b；叶茂松等，2018），这为研究混积岩这一特殊沉积体系提供了良好的研究场所。本书根据对渤海海域混积岩的最新研究，结合国内外混积岩岩石学实例分析，提出了新的混积岩分类体系和命名规则，并在此基础上对混积岩的概念进行修订及完善，探讨了新的岩石学分类方案。

3.1.1 混积岩岩石学特征

1. 矿物组成及岩石组构

混积岩组分包括矿物成分及结构成分。其主要矿物类型包括原生矿物及次生矿物。原生矿物可识别出碳酸盐矿物及陆源碎屑矿物，原生碳酸盐矿物多为文石、方解石等（Brooks，2003；Madden and Wilson，2012；丁一等，2013），以生物壳体、鲕粒或泥晶基质等形式产出；陆源碎屑矿物主要为硅质碎屑矿物（石英、长石类等）（Sonnenberg and Pramudito，2009；Caracciolo et al.，2013）及岩屑等。黏土矿物多以杂基形式产出（李婷婷等，2015），如伊利石、蒙脱石、绿泥石及高岭石等（Dix and Parras，2014）。除了原生矿物外，次生或者后生成岩矿物也可能成为主要的混积岩矿物组分，其中主要的后生成岩矿物包括白云石、钠长石、硬石膏、沸石等，多以胶结物的形式出现（斯春松等，2013；樵喜准等，2013），如渤海海域秦皇岛29-2东构造带白云石胶结物含量可高达20%以上。

岩石组构是表征混积岩的重要因素。表3-1归纳了世界范围内对混积岩组构进行定量化分析的实例。

表 3-1   混合沉积结构组构统计实例   （单位：%）

主要岩性相类型	结构成分							有机质	文献来源
	生物碎屑	泥晶	陆源碎屑	砾石	砂质	粉砂	泥质		
灰质砂砾岩相、石英砂岩相、含贝壳砂岩相、黏土岩相、灰泥岩相、含有机质泥岩相等	—	—	—	0～80	0～100	—	0～100	0～20	Brooks，2003
含生物粉砂岩相、生屑砂岩相、珊瑚砾岩相等	—	—	—	0～46	18～98	0.05～82	—	—	Brandano and Civitelli，2007
钙质砂质软泥相、钙质砂质灰泥相、生屑砂岩相、生屑砾岩相	11～84	—	16～89	—	—	—	—	—	Gomes et al.，2015

| 主要岩性相类型 | 结构成分 | | | | | | | 有机质 | 文献来源 |
	生物碎屑	泥晶	陆源碎屑	砾石	砂质	粉砂	泥质		
粉砂砾屑砂-灰混积岩、泥晶细砂灰-砂混积岩、细砂泥晶砂-灰混积岩等	—	1~93	3~95	—	—	—	2~26	—	王杰琼等，2014
生屑中-细砂岩、含生屑砾岩、砂质生屑白云岩、泥岩-灰岩互层	0~84	0~79	0~85	—	—	—	0~5	—	Ye et al.，2019

从表 3-1 的组构可以看出，混积岩岩石结构组成主要包括以下几类：①陆源碎屑颗粒，为母岩风化后搬运到盆地沉积的产物；②碳酸盐岩颗粒，包括生物碎屑颗粒、内碎屑颗粒、鲕粒、团藻等，其形成机制或为钙质生物壳体，或与生物-化学作用有关的化学沉淀；③灰泥，盆地内原生沉积的细粒碳酸盐泥屑，多具有泥晶或微晶结构，其形成也多与化学沉淀或生物化学作用有关。

2. 主要岩石类别

结合渤海海域宏-微观岩性及国外文献调研，归纳了混积岩岩石类别，主要包括以下四类。

1）以陆源碎屑为主的混积岩

渤海海域秦皇岛 29-2 东、渤中 29-4、渤中 34-2 等构造均发育这样的混积岩类型。宏观岩性以碎屑结构为主，多见粉砂质、砂质或者砾质结构。生物碎屑零散分布于碎屑颗粒之间，多难以见完整壳体，仅见生物体铸模孔 [图 3-1（a）]。镜下可观察到大量碎屑颗粒，如石英、长石或岩屑等 [图 3-1（b）]，粒级由粉砂级至砾级不等，化石碎片则多不完整，呈破碎状分布于颗粒之间 [图 3-1（c）]（El-Azabi and El-Araby，2007）。

2）以生物碎屑为主的混积岩

这类混积岩类型在渤海海域广泛分布，如秦皇岛 36-3、曹妃甸 2-1、锦州 9-3 等构造带（倪军娥等，2013）。宏观岩性相以大量生物介壳密集分布为特征，大小均一，并发育大量溶蚀孔，陆源碎屑与生物碎屑相伴生，碎屑粒度包括粉砂、细砂、粗砂及砾等 [图 3-1（d）]。微观岩性相主要为生物碎屑结构，且一般壳体保持较为完整，陆源碎屑颗粒零散分布于生物碎屑体之间，成分多为长英质矿物或沉积岩、火山岩岩屑等 [图 3-1（e）、（f）]。

3）以碳酸盐灰泥为主的混积岩

在渤海海域锦州 20-2 构造带可见到这类混积岩发育。宏观岩性多为含砂的泥晶灰岩或白云岩，见少量陆源碎屑或生物碎屑溶蚀孔等 [图 3-1（g）]。其微观岩石组构特征以泥晶为基底，生物碎屑或者陆源碎屑颗粒均埋置于灰泥基底之上 [图 3-1（h）、（i）]，分选磨圆一般—差（Navarrete et al.，2013）。

4）碳盐酸盐与陆源碎屑互层型混积岩

互层型混积岩在渤海海域也分布较广，包括秦皇岛 29-2E、渤中 29-4、锦州 20-2 等构造带。宏观岩心可观察到两类不同的岩性交替产出。碳酸盐岩层岩性主要为颗粒灰岩、泥晶灰岩等，碎屑岩层多见泥岩、粉砂岩等，两类层系的单层厚度既可能为厘米级［图 3-1（j）］，也可能达到米级以上。互层的岩性成分较为复杂，如碳酸盐微晶与泥岩之间的互层［图 3-1（k）］（Rocío Navarrete，2013）、完整生物贝壳与石英碎屑颗粒互层等［图 3-1（l）］。

此外，野外常常可见混积层系剖面，厚度常常为米级以上。宏观肉眼可识别出几类剖面：互层型，即两类不同的岩性之间厚度相近产生的垂向叠置［图 3-1（m）］（Vigorito et al.，2006）；夹层型，剖面上可见厚层状岩层内夹一个或多个相对较薄的地层单元［图 3-1（n）］（Dix et al.，2013）。另外，亦可在剖面上观察到互层与夹层反复出现的情况，如上部为夹层型，下部为互层型的剖面组合［图 3-1（o）］（Mata and Bottjer，2011）。混积层系的成分往往差别很大，常见的碳酸盐岩包括颗粒灰岩、生物碎屑灰岩、泥晶灰岩等，碎屑岩岩层则多见黑色泥岩、页岩、粉砂岩，甚至可见砾岩层等（Myrow et al.，2004）。

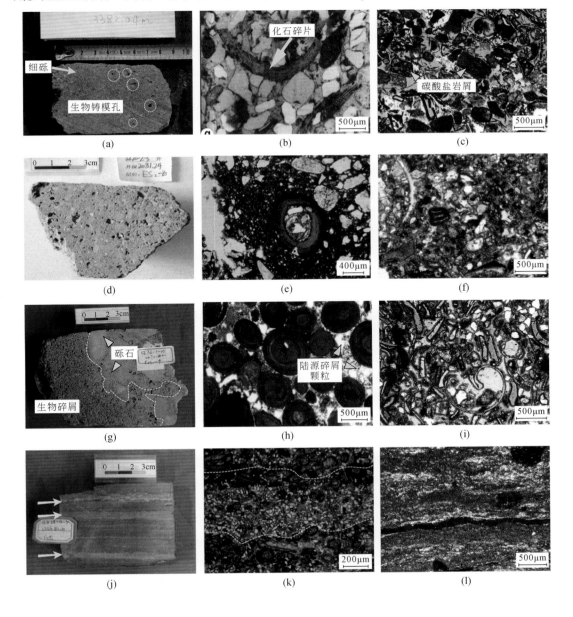

图 3-1　宏观及微观混积岩岩石类别

（a）渤海海域秦皇岛 29-2 东构造带含生屑细砾岩；（b）苏伊士湾生屑砂岩（El-Azabi and El-Araby，2007）；（c）渤海海域渤中 29-4 构造带生屑砂岩；（d）渤海海域锦州 20-2 构造带砂质含生屑泥晶云岩；（e）西班牙伊比利亚盆地砂质泥晶云岩（Rocío Navarrete，2013）；（f）渤海海域锦州 20-2 构造带含生物砂质泥晶云岩；（g）渤海海域绥中 36-1 构造带含砾生物云岩；（h）苏伊士湾含砂鲕粒灰岩（El-Azabi and El-Araby，2007）；（i）渤海海域秦皇岛 36-3 构造带砂质生物碎屑云岩；（j）渤海海域秦皇岛 29-2 东构造带碳酸盐颗粒层与泥岩层交替产出；（k）西班牙伊比利亚盆地轮藻与砂质层互层型混积岩（Rocío Navarrete，2013）；（l）渤海海域锦州 20-2 纹层状泥灰岩；（m）意大利撒丁岛 Porto Torres 盆地互层型混积岩剖面（Vigorito et al.，2006）；（n）加拿大魁北克湾夹层型混积岩剖面，剖面（两白色箭头之间）见厚层状粉砂质泥岩夹薄层生物碎屑灰岩（黑色箭头）、云质灰岩（Dix，2013）；（o）美国犹他州西南部混积岩剖面（Mata and Bottjer，2011）

3. 混积岩岩石学定义

通过上述分析，大致可以认为陆源碎屑与碳酸盐岩混合在一起就构成了混积岩。但是，这仅仅是一个广义的概念。结合上述岩石学特征，可将混积岩定义（狭义）为机械搬运的陆源碎屑与生物成因碳酸盐颗粒或化学成因碳酸盐同时沉积并以组构混合的方式产出，且陆源碎屑组分含量为 10%～85% 的沉积岩类型。

这一概念包括三方面内涵：其一是三类端元组分，即陆源碎屑成分包括石英、长石、岩屑、黏土等，化学沉淀碳酸盐（灰泥、泥晶）组分和生物成因的碳酸盐颗粒等；其二是陆源碎屑物质来自盆外母源（外源）的机械搬运，碳酸盐组分为盆内化学沉淀及生物碎屑（内源）产物；其三是三类端元组分必须达到一定含量才能称之为混积岩，如陆源碎屑含量小于 10% 就是碳酸盐岩或生物碎屑灰岩，根据渤海湾盆地海域陆源碎屑颗粒与油气产能的关系，建议将混积岩陆源碎屑含量上限值定为 85%（后文详述）。

此外，通常意义上的广义混积岩除上述狭义的组分混合的混积岩之外，还包括层系混合的混积岩类型。

3.1.2　混积岩的岩石学分类方案

国内外学者普遍将混积岩划分为狭义及广义的两大类。其中狭义的混积岩是指岩石组构上的混合，而广义混积岩被定义为互层型混积，并赋予"混积层系"的概念（郭福生，2004）。

岩石分类主要包括成因分类及结构分类两种类型。受限于成因机制研究，目前国内外学者多基于露头尺度或者显微镜下微观岩石结构的研究，对混积岩进行分类及命名工作。这样的做法有利于阐述岩石本身的岩石学特征。因此，本次研究将岩石组构（陆源碎屑颗粒、碳酸盐颗粒、灰泥、胶结物等）作为混积岩岩石分类端元的选择。在组分的选择上考虑以下因素。

　　首先，黏土常常在混积岩分类中作为单独组分列出（张雄华，2000；王杰琼等，2014），但也有学者主张将其归入陆源碎屑组分（董桂玉等，2007）。笔者认为，母岩风化形成的黏土矿物从成因机理而言，应归属于陆源碎屑岩范畴（姜在兴，2000）。同时笔者在近百篇有关混积岩岩性描述的文章中发现，国内外报道混积岩组分中能以黏土矿物为主，同时还能同时出现碳酸盐组分（含量达 10%以上）的实例较少，同时出现上述组分的组合，主要依赖于较为特殊的沉积环境。例如，季节性变化导致的泥质条纹与碳酸盐互层形成（薛晶晶等，2012）；又如在斜坡边缘的浊流事件会将陆坡沉积的碳酸盐颗粒或者灰泥带入盆地内远洋沉积的泥质沉积中，造成黏土与碳酸盐组分的混合（Braga et al.，2012；Komatsu et al.，2014）。因此，黏土矿物若作为单独的组分出现，其产生的混积岩类型较为局限。岩石学的分类应该涵盖大部分成因机制下形成的岩性类型，而非仅包含较为特殊成因机理下形成的岩石类型。因此，本书将原生黏土矿物归入陆源碎屑体系中，而不主张将黏土矿物单独作为分类的一个端元。

　　其次，碳酸盐组分是混积岩的另一类主要组分。碳酸盐主要以碳酸盐颗粒、灰泥及胶结物等形式出现。成岩阶段所形成的胶结物不能反映原生沉积环境，虽然占据了一定的岩石组构含量，但是在实际操作中，都主张不包括胶结物的含量，如栉节状方解石或白云石胶结物、早期泥晶经重结晶后的白云石等。碳酸盐颗粒与灰泥不仅在混积岩的结构组成中占据较高比例，而且对岩石组构与储层物性关系的研究发现，分别以两者为主的混积岩类型往往代表不同的水动力环境及储层物性。因此，本书建议将两者作为混积岩岩性分类的两个端元，不仅可以更好地体现岩石本身结构的规律性，也更方便讨论混积岩的成因环境及储层特征。

　　因此，基于上述考虑，结合渤海海域宏观、微观岩性类型，本书建立了由陆源碎屑、生物成因碳酸盐及化学成因碳酸盐三端元构成的一种新的混积岩岩石学分类系统（图 3-2）。其中陆源碎屑包括一切由机械成因形成的砾质、砂质、粉砂质及黏土质沉积物，成分既可以包括长英质矿物，也可以包括黏土矿物。

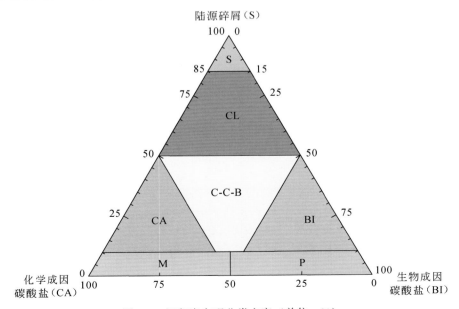

图 3-2　混积岩宏观分类方案（单位：%）

1. 宏观岩性划分方案及类型

综合沉积学特征及混积岩定义，提出了以三端元为标准的混积岩分类体系。三端元分别为陆源碎屑、化学成因碳酸盐、生物成因碳酸盐。混积岩为三种成分不同比例的混合。具体来说，以陆源碎屑85%的含量作为陆源碎屑岩体系与混积岩体系的分界，当陆源碎屑组分含量大于85%时，即使岩石组构中依然含有少量的碳酸盐成分，这一区间内岩石依然归为传统意义上的陆源碎屑岩。以陆源碎屑含量10%（碳酸盐含量90%）作为碳酸盐岩体系与混积岩体系分界，当碳酸盐含量大于90%时，即使里面含有少量的陆源碎屑物，这一区间归为碳酸盐岩。而陆源碎屑含量大于10%且小于85%，并含有生物成因碳酸盐或化学成因碳酸盐的岩石类型被定义为混积岩。

具体来讲，宏观分类方案做如下解释：按照结构分类法，混积岩可以在宏观上分为四大类（表3-2）：以陆源碎屑为主的混积岩（CL），其陆源碎屑含量50%~85%；以化学成因碳酸盐为主的混积岩（CA），陆源碎屑10%~50%，化学成因碳酸盐50%~90%，生物成因碳酸盐<25%；以生物成因碳酸盐为主的混积岩（BI），生物成因碳酸盐含量在50%~90%，陆源碎屑10%~50%，化学成因碳酸盐0~40%；三组分不超过50%混积岩（C-C-B）。

2. 混积岩微观岩性分类

在混积岩宏观岩性分类的基础上，根据宏观四大类型中三端元组分含量的不同对混积岩进行微观岩性分类，将混积岩岩性类型细分为16亚类（图3-3），具体分类名称如下：以陆源碎屑为主的混积岩（CL）细分为含泥晶碎屑岩（CL1）、含生物含泥晶碎屑岩（CL2）、泥晶质碎屑岩（CL3）、含生物碎屑岩（CL4）、含泥晶含生物碎屑岩（CL5）和生物质碎屑岩（CL6）6亚类；以化学成因碳酸盐为主的混积岩（CA）细分为含生屑陆屑质泥晶灰（云）岩（CA1）、含生屑含陆屑泥晶灰（云）岩（CA2）和含陆屑生物质泥晶灰（云）岩（CA3）3亚类；以生物成因碳酸盐为主的混积岩（BI）可细分为含泥晶陆屑质生物灰（云）岩（BI1）、含泥晶含陆屑生物灰（云）岩（BI2）和含陆屑泥晶质生物灰（云）岩（BI3）3亚类；三组分不超过50%混积岩（C-C-B）可细分为含生屑-泥晶-碎屑岩（C-C-B1）、含泥晶-生物-碎屑岩（C-C-B2）、含陆屑-泥晶-生物灰（云）岩（C-C-B3）和陆屑-泥晶-生物灰（云）岩（C-C-B4）4亚类（图3-3）。

表 3-2　混积岩分类方案表

结构分类	岩性命名	三角图分区	相对组构百分含量/%		
			陆源碎屑	生物成因碳酸盐	化学成因碳酸盐
以陆源碎屑为主的混积岩（CL）	含泥晶碎屑岩	CL1	75~85	<25	50~62.5
	含生物含泥晶碎屑岩	CL2	50~75	25~50	50~62.5
	泥晶质碎屑岩	CL3	50~75	25~50	50~75
	含生物碎屑岩	CL4	75~85	<25	37.5~50
	含泥晶含生物碎屑岩	CL5	50~75	25~50	37.5~50
	生物质碎屑岩	CL6	50~75	25~50	25~50

续表

结构分类	岩性命名	三角图分区	相对组构百分含量/%		
			陆源碎屑	生物成因碳酸盐	化学成因碳酸盐
以化学成因碳酸盐为主的混积岩（CA）	含生屑陆屑质泥晶灰（云）岩	CA1	25～50	<25	50～75
	含生屑含陆屑泥晶灰（云）岩	CA2	10～25	<25	50～90
	含陆屑生物质泥晶灰（云）岩	CA3		25～40	50～65
以生物成因碳酸盐为主的混积岩（BI）	含泥晶陆屑质生物灰（云）岩	BI1	25～50	50～75	<25
	含泥晶含陆屑生物灰（云）岩	BI2	10～25	50～90	0～40
	含陆屑泥晶质生物灰（云）岩	BI3		50～65	25～40
三组分不超过50%混积岩（C-C-B）	含生屑-泥晶-碎屑岩	C-C-B1	25～50	<25	25～50
	含泥晶-生物-碎屑岩	C-C-B2	25～50	25～50	<25
	含陆屑-泥晶-生物灰（云）岩	C-C-B3	10～25	25～50	25～50
	陆屑-泥晶-生物灰（云）岩	C-C-B4	25～50	25～50	25～50

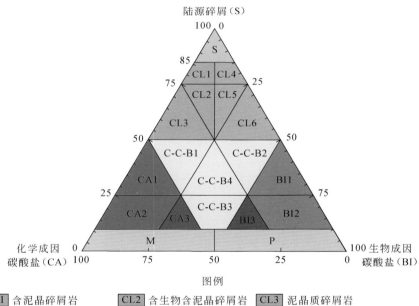

图例

CL1 含泥晶碎屑岩	CL2 含生物含泥晶碎屑岩	CL3 泥晶质碎屑岩
CL4 含生物碎屑岩	CL5 含泥晶含生物碎屑岩	CL6 生物质碎屑岩
CA1 含生屑陆屑质泥晶灰(云)岩	CA2 含生屑含陆屑泥晶灰(云)岩	CA3 含陆屑生物质泥晶灰(云)岩
BI1 含泥晶陆屑质生物灰(云)岩	BI2 含泥晶含陆屑生物灰(云)岩	BI3 含陆屑泥晶质生物灰(云)岩
C-C-B1 含生屑-泥晶-碎屑岩	C-C-B2 含泥晶-生物-碎屑岩	C-C-B3 含陆屑-泥晶-生物灰(云)岩　C-C-B4 陆屑-泥晶-生物灰(云)岩
S 陆源碎屑岩类	M 泥晶灰岩类	P 生屑灰岩类

图 3-3　混积岩微观分类方案（单位：%）

3. 混积岩中陆源碎屑含量范围的确定

前人对混积岩与陆源碎屑岩、碳酸盐岩体系多以传统沉积学中约定俗成的 10%、25%、50%及 75%含量进行界定，以方便命名。混积岩作为新的岩石学类型，与传统岩石体系的差别不仅表现在岩石组构上，同时也应该表现在不同的储层物性方面。例如，陆源碎屑成分含量较高，必然会导致面孔率下降，但是在混积岩结构中混入一定量的生物碎屑颗粒，即使陆源碎屑含量较高，甚至在大于 75%时，混积岩可能依然具有较好的储集物性。渤海海域混积岩陆源碎屑含量与孔隙度关系表明，随着陆源碎屑含量的增加，孔隙度有迅速减少的趋势。当陆源碎屑成分含量大于 80%之后，深层碎屑岩孔隙度多在 5%以下。然而陆源碎屑成分为 50%~80%的混积岩，可以保持 10%~20%孔隙度的储层。造成如此良好物性的原因，多与混积岩组分中含有较高的生物碎屑含量有关：当陆源碎屑含量较高，但是同时含有一定量生物碎屑时，会减少杂基的含量，保存原生孔隙；同时后期生物碎屑的溶蚀作用也有利于次生孔隙的产生，因此在陆源碎屑含量相同的情况下，混积岩的储层物性可能会更佳。

基于上述观测现象，以油气产能作为量化指标，结合渤海海域混积岩产能与陆源碎屑含量关系（表 3-3），认为渤海海域混积岩岩层段的油气产能与陆源碎屑含量基本呈线性关系（图 3-4）。当陆源碎屑含量增加时，油气产能会降低。渤海海域 $30m^3/d$ 的最低工业产能标准所对应的陆源碎屑含量大致为 78.76%。可以近似认为当混积岩陆源碎屑含量超过 78.76%时，其油气产能不具有工业价值，所代表的岩性储层为无效储层。

表 3-3 渤海海域陆源碎屑颗粒含量与产能关系对应表

井名	测试	测试深度/m	产能					薄片样品个数	陆源碎屑平均含量/%	备注
			日产液/t	日产水/t	日产油/t	平均日产油/t	日产气/m^3			
BZ13-1-2	1（1）	4095~4112			191.6	275.86	138625	20	41.7	油气层
	1（2）	4095~4112			360.11		233133			油气层
BZ29-4-5	2	2350~2379	52.6	26.4	26.2	52.6	2186	48	63.6	油水同层
QHD29-2E-4	2a（1）	3280~3367			185.4	194.4	21674	3	57	酸化前
	2a（2）	3280~3367			144.7		17809			酸化前
	2a（3）	3280~3367			253.2		31544			酸化前
	2b（1）	3280~3367			271	563.53	33245			酸化后
	2b（2）	3280~3367			1048		128164			酸化后
	2b（3）	3280~3367			371.6		46480			酸化后
QHD29-2E-5	2（2）	3308~3330			64.7	64.7	5976	4	73.75	酸化后
QHD36-3-1	2（1）	3694~3715			250.5	251	12791	6	78.67	油层
	2（2）	3694~3715			160.8		10497			油层
	2（3）	3694~3715			341.7		21111			油层
SZ36-1-7	3	2397~2427		24.27				5	26.3	非自喷水层

续表

井名	测试	测试深度/m	产能					薄片样品个数	陆源碎屑平均含量/%	备注
			日产液/t	日产水/t	日产油/t	平均日产油/t	日产气/m³			
Jz20-2-5	4（1）	2334～2347			57.7	59	201844	29	21	凝析气层
	4（2）	2334～2347			32.7		144792			凝析气层
	4（3）	2334～2347			50		233241			凝析气层
	4（4）	2334～2347			69.7		320871			凝析气层
	4（5）	2334～2347			84.9		379340			凝析气层
CFD3-1-2	4	3423～3442			82	284.43	40125	50	2.75	
	4A	3423～3442			256.2		37689			酸化后
	4B	3423～3442			277.37		84243.1			酸化后
	4C	3423～3442			522.16		12586.5			酸化后
JZ20-2-2	2（1）	2219～2227			62.3	82.4	194193	17	7.16	凝析气层
	2（2）	2219～2227			70.3		224894			凝析气层
	2（3）	2219～2227			114.6		330714			凝析气层
QHD36-3-2		沙二段				341.7		84	13.78	文献数据
BZ27-2-2	DST1	3866～3935	90.72					11	77.34	酸化前
	DST3	3866～3935	46.93							酸化后

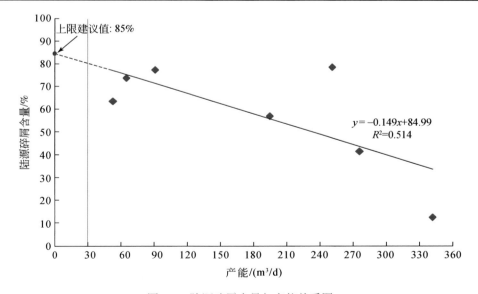

图 3-4　陆源碎屑含量与产能关系图

$$y = -0.149x + 84.99$$
$$R^2 = 0.514$$

上限建议值: 85%

综上分析，综合考虑数据点样本数、使用方便性等因素，建议以陆源碎屑含量85%作为混积岩的上限值。当陆源碎屑含量达到85%以上时，主要组分为碎屑矿物，岩石组分中含有一定的碳酸盐成分，但根据上述产能关系，储层产能多半不会达到工业标准，因此其岩性类型归为陆源碎屑岩；当陆源碎屑含量低于 85%，但陆源碎屑含量依然为主体（大于50%）时，可能具有好的油气产能，而这样的储层多与碳酸盐颗粒成分的混入有关，因此，这部分混积区间（陆源碎屑含量小于 85%）的混积岩在储层物性上明显优于碎屑岩储层。

混积岩中陆源碎屑物含量较低，意味着碳酸盐含量相对较高，特别是碳酸盐颗粒含量较高时，储层往往能有较高的产能。从产能角度划分混积岩与碳酸盐岩界限相对较难，本书提出以传统的 10% 为界进行划分，当陆源碎屑含量小于 10% 时，意味着陆源碎屑在岩石组分中占据的分量少，这部分岩石归为碳酸盐岩，当陆源碎屑含量大于 10% 时，则归为混积岩。

3.1.3　混积岩的岩石学命名准则

在确定了三端元组分之后，需要对命名的准则加以限定，使得岩石命名更具有科学性。本书综合考虑现有的命名准则，本着突出岩石结构特征且在实际工作中既简单又易操作的原则，制定了以下命名准则（表 3-4）。

表 3-4　混积岩命名准则

命名结构	岩石组构
基本名称	陆源碎屑：砾岩、砂岩、粉砂岩、黏土杂基等
	化学成因碳酸盐：内碎屑碳酸盐、鲕粒、泥晶等
	生物成因碳酸盐：生物碎屑、藻粒、团粒等
附加修饰词	胶结物：如碳酸盐、硅质、镁质等
	特殊结构：如鲕粒状结构等
	成岩作用：如白云石化等

（1）确定主名及基本岩石名称。根据陆源碎屑、生物成因碳酸盐、化学成因碳酸盐三组分含量，计算三者之间的相对含量，并在图 3-3 的岩性分类三角图中进行投影。当陆源碎屑含量大于 50% 时，主名为"碎屑岩类"（如砾岩、砂岩、粉砂岩等）；当碳酸盐含量大于 50% 时，主名为"碳酸盐岩类"。当组分均不超过 50%，根据组分的相对含量确定主名。在确定主名的基础上，其他含量相对较少的组分，以"少前多后"的原则依次加入到主名之前，构成基本名称。例如，含粉砂泥晶生物碎屑灰岩，其主名为"生物碎屑灰岩"，生物碎屑含量超过 50%，其他组分包括陆源碎屑粉砂及碳酸盐灰泥，且灰泥相对含量较高，命名顺序相对靠后。

（2）含量限制。根据岩石分类的习惯性含量准则对组分命名进行筛选，以便与陆源碎屑、碳酸盐岩体系衔接：含量小于 10% 的组分不参与定名；含量 10%～25% 的组分命名为"含××"；含量在 25%～50% 的组分命名为"××质"。

（3）修饰结构及完整定名。对宏观岩性相建议采用"颜色+沉积构造+胶结物（云质、灰质或泥晶、亮晶）+基本名称"进行完整命名，如红褐色鸟眼状构造砾屑云岩；对微观岩性相建议采用"胶结物（云质、灰质或泥晶、亮晶）+基本名称"进行完整命名，如亮晶粉砂质鲕粒灰岩。

3.2　岩性相类型及其沉积特征

　　根据三组分的相互组合关系，混积岩岩性相类型可达 16 种之多，以下结合渤海湾盆地的实际情况，重点描述陆相湖盆中常见的几种岩性相类型。

3.2.1　以化学碳酸盐为主的混积岩性相

1.（含）砂（质）泥晶云岩相

　　此类岩性主要对应 CA1/CA2 类混积岩，在秦皇岛 36-3 构造带、曹妃甸 2-1 构造带有分布。微观岩石主要组构为化学碳酸盐，如碳酸盐灰泥等，以基质的形式产出，泥晶为主 [图版 II（a）]。其他组构以陆源碎屑为主，如石英、长石、火山岩岩屑等，分选较差，磨圆一般，呈零散状分布于基质泥晶碳酸盐之上。该类岩性相生物碳酸盐含量较少，因此岩石学命名为（含）砂（质）泥晶云岩（图 3-5）。

　　环境解释：泥晶含量相对较高代表相对低能的沉积环境。碎屑成分相对复杂，且磨圆分选较差，说明为近物源搬运的产物。

图 3-5　（含）砂（质）泥晶云岩相镜下宏-微观照片

(a) QHD 36-3-2，3776.36m，正交光；(b) CFD3-1-2，3433.2m，单偏光；(c) CFD3-1-2，3428.2m

2. 含砂含生屑泥晶云岩相

此类岩性主要对应 CA2/CA3 类混积岩，在秦皇岛 29-2E 构造带、曹妃甸 2-1 构造带有亦有分布。微观岩石主要组构同样为化学碳酸盐，以基质的形式产出，泥晶为主［图版Ⅱ（c）］。其他组构主要以生物碎屑及陆源碎屑为主。生物碎屑壳体保存相对完好。少量的陆源碎屑，如石英、长石等零散分布于基质之上，分选较差，磨圆一般。岩石学命名为含砂含生屑泥晶云岩（图 3-6）。

环境解释：该类岩性相同样代表相对低能的沉积环境，但生物碎屑含量相对较高，特别是碎屑含量低，表明可能为相对更安静的水体条件，推测为潟湖等沉积环境。

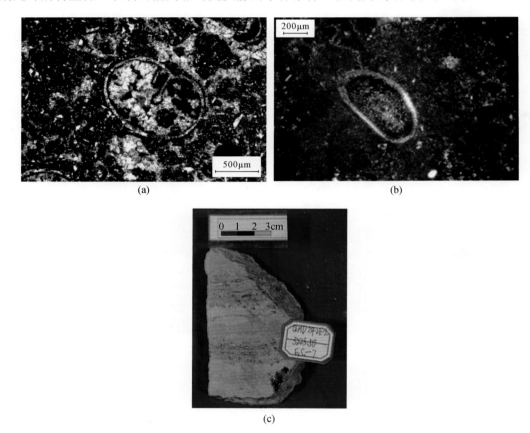

图 3-6　含砂含生屑泥晶云岩相镜下微观照片

（a）CFD3-1-2，3435.45m，正交光；（b）QHD29-2E-2，3223.51m，正交光；（c）QHD29-2E-2，3428.2m

3.2.2　以陆源碎屑为主的混积岩性相

1. 含生物碎屑砂岩相

该岩性相对应岩性分类里面的 CL4、CL5、CL6 类混积岩，是环渤中地区主要的混积岩岩性相类型，在多个构造带均有出现，如渤南 27-2、渤南 29-4、渤中 26-2、秦皇岛

29-2 东构造带等。宏观岩性相多为中细粒砂质结构 [图 3-7 (a)]，同时亦可见生物碎屑产出，其产状包括以互层的形式与碎屑层明显区分。当生物碎屑相对较少时形成砂质碎屑岩层，反之生物碎屑含量较高则形成含生屑的碎屑岩层，生物碎屑体分布于碎屑颗粒之间 [图 3-7 (b)]，或零散分布于颗粒之间 [图 3-7 (c)、图版Ⅱ (e)]，也可集中分布 [图 3-7 (d)]，其分布往往具有较为明显的定向性 [图 3-7 (e)]。生物碎屑粒径相对较小，壳体多已被溶蚀，留下明显的生物体腔孔。

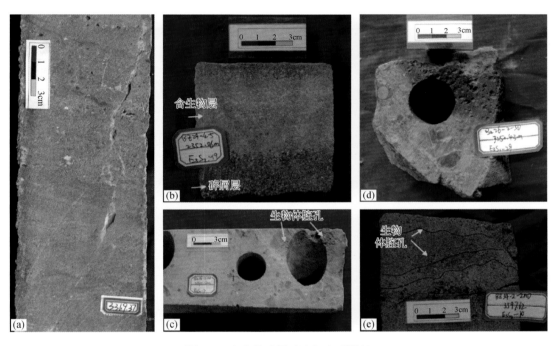

图 3-7　含生物碎屑砂岩相宏观照片

（a）QHD29-2E-5 井，砂质结构，未见明显的生物碎屑；（b）BZ29-4-5 井，含生物层见生物碎屑体分布于碎屑颗粒之间，碎屑岩层为陆源碎屑颗粒紧密沉积，生物含量较少，两者以互层的形式产出；（c）BZ36-2-W 井，砂质结构，见生物体零散分布；（d）BZ26-2-3D 井，生物碎屑集中分布，与碎屑颗粒具有相对明显分界；（e）BZ34-2-2D 井，生物碎屑集中分布，具明显定向性

微观岩性相表现为明显的陆源碎屑与生物碎屑的混合沉积（图 3-8）。陆源碎屑成分多为火成岩岩屑颗粒，粒径较小，多对应细砂级，具有相对较好的磨圆及分选。生物成分可见介形虫、腹足类生物，微观岩性相类型为含生物碎屑或生物碎屑质中—细砂岩，生物碎屑多为碎片，含量在 15%~40% [图 3-8 (a) ~ (d)]。生物碎屑具有一定的分选及磨圆，壳体保存相对较好 [图 3-8 (e)]，并且有一定的定向性 [图 3-8 (f)]。

环境解释：宏观岩性相可见砂岩以中细粒结构为主，且具有一定的分选磨圆，有时可见定向性 [图 3-8 (b)]。生物碎屑也同样具有可见定向性的特征 [图 3-8 (f)]，表明陆源碎屑与生物碎屑可能经历了一定距离的搬运，为异地搬运的产物。生物碎屑保存相对完好，未见明显的破碎，说明水动力强度不大，且未经较强烈的分选，因此可能为相对平稳的湖浪改造产物。

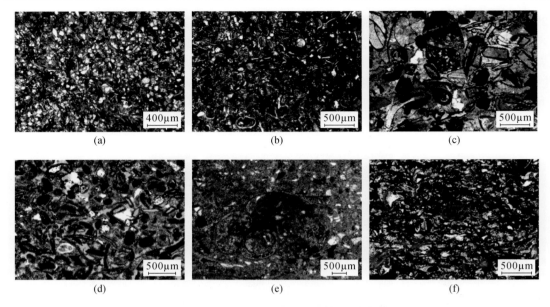

图 3-8　含生物碎屑砂岩相微观照片

（a）～（c）生物碎屑含量逐步增加；（a）、（b）含生屑细砂岩；（c）生屑质中细砂岩；（d）壳体保存不完整，多为碎片；
（e）生物体分布于碎屑颗粒之间，壳体保存完整；（f）生物介壳呈相对明显的定性向排列

2.含生物碎屑砾岩相

该岩性相主要分布于秦皇岛 29-2 东、秦皇岛 36-3 构造带。宏观上表现为明显的砾状结构，主要成分可见细砾级长英质颗粒 ［图 3-9（a）］ 或中—细砾级火成岩岩屑 ［图 3-9（b）］，分选较差，有一定磨圆。颗粒之间可见少量生物体腔孔分布，但生物碎屑多磨圆较好。微观岩性相表现为生物碎屑零散分布于碎屑颗粒之间，生物体保存较好，少见破碎 ［图 3-9（c）、（d）］。

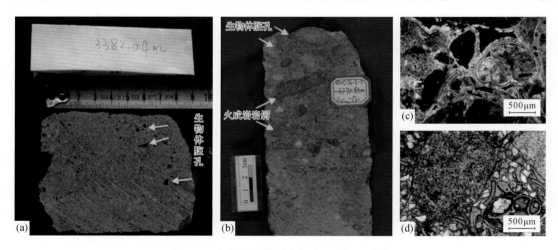

图 3-9　含生物碎屑砾岩相宏观-微观照片

（a）QHD29-2E-5 井，砾状结构，颗粒间见明显的生物碎屑，壳体已被溶蚀，形成生物体腔孔；（b）QHD36-3-2 井，见生物壳分布于碎屑颗粒之间，碎屑成分复杂，且分选磨圆较差；（c）QHD29-2E-5 井，3384.38m（5 倍正交光），生物体零散分布于砾屑之间；（d）QHD36-3-2 井，3772.15m（5 倍单偏光），生物体为腹足类，壳体保存完好

环境解释：岩性相以砾级碎屑岩为主，成分相对复杂，分选磨圆一般，为典型的近源堆积产物，但生物碎屑磨圆相对较好，且壳体保存较好，未见明显破碎，为原地沉积产物。因此，该类岩性相特征表现为近源陆源碎屑快速搬运至原地生物滩混合沉积形成的混积岩类型。

3. 含砂屑生物碎屑云岩相

该岩性相主要分布于秦皇岛 36-3 构造、渤中 13-1 构造，少量分布于曹妃甸 2-1 构造。手标本多见生物溶蚀孔 [图 3-10（a）]，少量陆源碎屑分布于生物壳体之间 [图 3-10（b）]。微观镜下以生物碎屑结构为主，生物体保存完整 [图版 I（a）、（e），图版 II（f）]。陆源碎屑成分复杂，既有玄武质火成岩岩屑 [图 3-10（c）]，也有长英质颗粒 [图 3-10（d）]。碎屑零散分布于生物壳体之间，具有相对较好的分选磨圆。

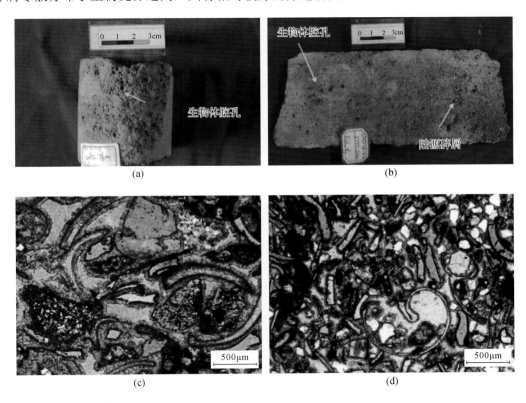

(a)　　　　　　　　　　　(b)

(c)　　　　　　　　　　　(d)

图 3-10　含砂屑生物碎屑云岩相宏观-微观岩性相

（a）、（b）BZ13-1-2 井、QHD36-3-2 井含砂屑生物碎屑云岩。见大量生物体腔溶蚀孔，陆源碎屑相对分散于生物壳体之间；（c）、（d）镜下特征（5 倍单偏光），陆源碎屑成分复杂，既有玄武质火成岩岩屑，也有长英质颗粒，碎屑零散分布于生物壳体之间，具有相对较好的分选磨圆

环境解释：此类岩性相岩石结构以生物壳体为主，且保存完整，为原地生物滩沉积。陆源碎屑颗粒成分复杂，且具有较好的分选磨圆，说明经历了一定的搬运，为异地搬运至原地生物滩的产物，并在一定的水流作用下与原地的生物体发生混合沉积。

3.2.3　以生物碳酸盐颗粒为主的混积岩性相

1. 含陆屑泥晶生屑云岩

该岩性相对应岩性分类里面的 CA3、BI3 类混积岩，在环渤中地区相对少见，主要发育在曹妃甸 2-1、锦州 20-2、绥中 36-1 构造带。主要的岩石组构为生物碎屑及化学碳酸盐泥晶。泥晶作为杂基，生物碎屑零散分布于杂基之上，生物壳体多为碎片，相对较破碎。少量的陆源碎屑颗粒，如石英、岩屑等亦分布于生物碎屑之间，分选磨圆较差，含量相对较低（图 3-11）。

环境解释：泥晶杂基为主的岩石组构反映相对封闭的低能沉积环境。生物碎屑含量相对较高，且相对破碎，说明生物壳体遭受了相对强烈的筛选；同时陆源碎屑分选磨圆较差，说明生物壳体及陆源碎屑由相对近源的地区搬运至低能区发生了混合沉积。

图 3-11　含陆屑泥晶生屑云岩宏观–微观岩性相

（a）CFD2-1-2 井，3439.35m（5 倍单偏光），含陆屑泥晶生屑云岩；　（b）JZ20-2-2 井，2224m，生屑云岩；（c）SZ36-1-15 井，2471.37m，生屑灰岩；　（d）JZ20-2-3 井，2181.52m，生屑云岩

2. 鲕粒云岩

该岩性相对应岩性分类里面的 CA3、BI3 类混积岩，主要分布于渤中 36-A 构造带。宏观手标本呈块状构造，难以识别明显的颗粒［图 3-12（a）］。微观镜下观察表明岩性相

为鲕粒结构［图版Ⅰ（b）、图版Ⅱ（b）］。鲕粒大小集中在 0.2~0.5mm，分选磨圆较好。陆源碎屑零散分布于鲕粒之间，以细砂质或粉砂质为主，含量 10%~15%［图 3-12（b）］。

图 3-12　含陆源碎屑鲕粒云岩宏观-微观岩性相

（a）含陆源碎屑鲕粒云岩相宏观特征，块状构造，BZ36-A-W 井，2384.5m；（b）含陆源碎屑鲕粒云岩相微观镜下特征，鲕粒结构，细砂质或粉砂质陆源碎屑零散分布于鲕粒（黄色箭头）之间，BZ36-A-W 井，2384.5m，单偏光

3.2.4　混积层系

沙庆安（2001）最早提出广义的混积岩除了组构上的混积岩之外，还应该包括陆源碎屑岩与碳酸盐岩以互层或夹层形式产出的混合，即混合层系的概念。本书从旋回地层学与层序地层学的原理限定混积层系的概念，建议在使用混积层系的概念时，应该以五级层序（准层序）及更低层序单元（如六级层序等）作为一个基本单元进行讨论。当讨论高于五级层序的垂向序列（如四级层序单元或者更高级别时），以五级层序为基本单元来划分混积层系与正常层系；当讨论五级层序以下单元（如由毫米级别的碎屑岩和碳酸盐岩的岩层组成的混积层序），则可以考虑以六级层序，甚至更高精度的层序为单元进行讨论。根据渤海海域实际资料，在一个准层序组级别内可以划分出以下四类混积层系。

1. 陆源碎屑岩夹碳酸盐岩层

这类混积层系在渤中 27-2、渤中 36-2、秦皇岛 29-2 东构造带常见，是环渤中地区最常见的一类混积层系类型。在一个准层序组中，垂向岩性以陆源碎屑岩为主，其岩性为泥岩或砂质岩屑砂岩［图 3-13（a）］。碳酸盐岩层成分主要包括：①生物成因碳酸盐岩，如 BZ27-2-2 井、BZ27-2-1 井、BZ36-2-W 井等，其岩性为生物碎屑灰岩、鲕粒云岩等；②化学沉淀碳酸盐，如 QHD29-2E-2 井、BZ29-4-5 井等均有发现，岩性包括含生屑泥晶云岩、泥晶云岩等。垂向序列表现为厚层状陆源碎屑岩夹相对薄层的碳酸盐岩，碳酸盐岩产出的厚度大致为 1~2m。夹层可能为一层，也可能为多个夹层交替产出，但成分通常相对较纯，为传统的碳酸盐岩类，少含陆源碎屑成分。

2. 陆源碎屑岩与盐酸岩互层

秦皇岛 30-1、锦州 20-2、绥中 36-1 构造带均发育该类混积层系。秦皇岛 30-1 构造带垂向剖面表现为陆源碎屑岩与碳酸盐岩以每层 2~3m 的厚度交替产出。陆源碎屑岩为泥岩、粉砂质泥岩、泥质粉砂岩，碳酸盐岩既可见含砂屑生物碎屑灰岩生物成因的碳酸盐岩，也可见泥晶灰岩等化学成因的碳酸盐岩［图 3-13（b）］。

3. 陆源碎屑岩夹混积岩层

BZ13-1-2 井剖面显示了典型的该类混积层序特征：底部为细砾岩，逐步过渡为中粗粒岩屑长石砂岩的正常陆源碎屑岩层系，顶部则为混积岩层［图 3-13（c）］。混积岩层主要岩性为含砂屑生物碎屑云岩，其成分组合相比前面两种混积层系的单层相对较为复杂，主要成分除了碳酸盐之外，还混入了一定含量的火成岩岩屑、长英质矿物等。单层混积岩层厚度为 3m，因此，既可以将其当成是与底部陆源碎屑岩层的互层关系，也可认为是正常岩系中的夹层，但与前面两类混积层系不同的特征是混积岩与陆源碎屑岩层的互层（夹层）关系。

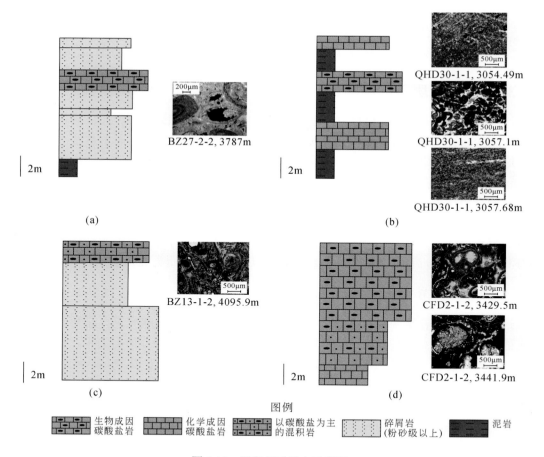

图 3-13　混积层系垂向示意图

（a）陆源碎屑岩夹碳酸盐岩层，垂向以陆源碎屑岩为主，夹 1~2m 薄层碳酸盐岩层；（b）陆源碎屑岩与碳酸盐岩互层，陆源碎屑岩层与碳酸盐岩层交替产出；（c）陆源碎屑岩夹混积岩层，陆源碎屑岩顶部与混积岩层层互层，混积岩层为成分混积岩；（d）碳酸盐岩与混积岩互层，陆源碎屑层与混积岩层互层，混积岩为成分混积岩

4. 碳酸盐岩与混积岩互层

CFD2-1-2 井是这类混积层系的代表 [图 3-13（d）]：底部为奥陶系白云岩（基底），过渡为混积岩层，顶部为碳酸盐岩。混积岩层主要为生物碳酸盐-化学碳酸盐混积岩，主要岩性为含砂屑泥晶云岩、含生屑-砂屑泥晶云岩等，厚度约 5m。顶部碳酸盐岩主要岩性为生物碎屑云岩，厚度约 8m。混积岩层与上覆碳酸盐岩呈互层关系。

第4章　混积岩沉积相及其构成序列特征

混积岩作为一种特殊的沉积相类型发育于不同的沉积环境，陆相湖盆中混积岩可以形成于不同的背景环境，如三角洲、扇三角洲和滨浅湖。已有勘探证实，渤海海域混积岩发育于古近系沙河街组一、二、四段，主要分布于古隆起周缘的滨浅湖、扇三角洲等沉积环境。显然，混积岩发育与背景环境密切相关，本章从混积岩发育背景环境出发，系统介绍不同混积岩沉积相特征。

4.1　混积岩沉积相划分及主要特征

4.1.1　混积岩沉积相划分

混合沉积是介于碎屑沉积与碳酸盐沉积之间的一种特殊的相类型，其构成特征、沉积背景、发育机理与传统的沉积体系有较为明显的差别，从而构成了一类特殊的沉积体系，即混积沉积体系。进一步根据沉积特征构成的差异性，识别出四类沉积亚相：混积扇亚相、混积滩亚相、混积坝亚相和混积丘亚相（表4-1）。

表 4-1　渤海湾盆地混积岩沉积相划分表

沉积体系	沉积亚相	沉积微相
混积沉积体系	混积扇亚相	混积碎屑滩、混积沟道、混积生屑滩
	混积滩亚相	近岸砂质混积滩、近岸砾质混积滩、远岸生物碎屑混积滩
	混积坝亚相	砂质混积坝、生屑混积坝
	混积丘亚相	丘基、丘主体（丘核）

4.1.2　沉积相主要特征

1. 混积扇亚相

混积扇亚相主要出现在扇三角洲前缘背景下。以砂砾质结构为主，陆源碎屑质砾石含量高，生物碎屑含量较低，岩性结构为杂基支撑结构，砾石"悬浮"于杂基基底之上［图4-1（a）］。砾石成分主要为火山岩屑，分选中等—差但磨圆较好［图4-1（b）］。显微组构特征表现为砂砾质结构，颗粒分选差。生物碎屑颗粒随机分布于砂砾质碎屑颗粒之间，主要可识别出的生物体包括腹足、介形虫等类型［图4-1（c）］。个别组分中杂基含量相对较高（10%～20%），主要成分为粉砂质灰泥［图4-1（d）］。可以进一步识别出混积碎屑滩、混积沟道、混积生屑滩等沉积微相。

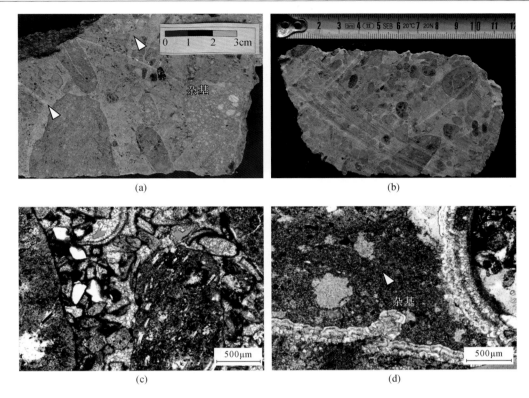

图 4-1　混积扇亚相主要特征

（a）QHD29-A-E 井，3380.30～3380.40m，岩心照片，颗粒之间杂基支撑（白色箭头）；（b）QHD29-A-E 井，3382.50～3382.65m，岩心照片，含生物碎屑细砾岩，砾石磨圆好；（c）QHD29-A-E 井，3382.50m，显微照片，生物碎屑颗粒随机分布于砾质碎屑颗粒之间，单偏光，蓝色铸体；（d）QHD29-A-E 井，3385.17m，砾质碎屑之间的灰泥质杂基（白色箭头），单偏光，蓝色铸体

2. 混积滩亚相

在地形较为平坦的地方，混积沉积物受湖流的改造，形成面状分布的沉积体，可称为混积滩。根据距离岸线的远近，可以细分为近岸混积滩（扇三角洲背景）和远岸混积滩（滨浅湖背景）。根据受陆源影响的强弱，可以分为砾质混积滩、砂质混积滩、泥质混积滩和泥晶混积滩。

扇三角洲背景下的砾质混积滩微相和砂质混积滩微相主要处于距岸线较近的部位，受陆源影响强烈。岩性以陆源碎屑沉积物为主，含量为 0～40%，包括砾石、砂、粉砂等，矿物成分主要为火成岩或变质岩岩屑，其次为石英、长石等矿物。受近岸相对较强的陆源碎屑影响，碎屑矿物多分选中等，磨圆呈次棱—次圆状 [图 4-2（a）、（b）]。碳酸盐沉积物含量较低，为 10%～30%，主要为生物碎屑颗粒及碳酸盐颗粒。主要生物类型以腹足、介形虫等为主，多为浅水沉积环境的种属，碳酸盐颗粒常见鲕粒，分选中等，反映近源强的水动力作用过程 [图 4-2（c）、（d）]。矿物成分多为白云石，其次为少量的方解石。

在沉积厚度方面，此类混积滩单层厚度 2～8m。垂向岩性组合为中—厚层状含生屑砂岩、粗砂岩及砂砾岩等岩性单元相互叠置、互层产出。GR 及 SP 曲线表现为箱形、漏斗形，垂向表现为进积、加积的序列，且曲线多表现为齿状或锯齿状，表明沉积物物源供给频繁、不稳定。

图 4-2 扇三角洲背景混积滩宏观-微观照片

（a）BZ36-2-W 井，2380.97m，10（−）；（b）BZ29-4-5 井，2351.63m；

（c）QHD29-2E-5 井，3384.18m，5（+）；（d）QHD29-2E-5 井，3382.04m

滨浅湖背景下的混积滩距岸线较远，主要特征是陆源影响相对较少，适宜生物生长。无直接的沉积体系影响（河流、三角洲等），因此可能发育两类沉积物：一类是以泥质沉积为主的沉积物类型，可能为远岸的局限洼地环境产物，以泥灰岩、含生物碎屑泥岩等互层或夹层产出［图 4-3（b）］，偶尔可见植物化石或生物遗迹化石，矿物类型多为细粒沉积，如黏土矿物、泥质沉积等，典型构造带为秦皇岛 30-1 构造带；另一类沉积物以生物碎屑为主，主要岩性相类型为含砂生屑碎屑云岩，岩石组构以生物碎屑为主，微观镜下及宏观手标本均可识别出大量的生物碎屑，但多较为破碎，碎屑颗粒零散分布于生物碎屑之间，碎屑组分相对较单一，以火山岩岩屑为主，反映了物源区的性质［图 4-3（c）、（d）］。典型构造带为渤中 13-1 构造带。

3. 混积坝亚相

该类亚相外形为长条形，类似于"水坝"的形态，典型构造带为秦皇岛 36-3 构造带。亚相的主要岩性相为（含）砂（质）生物碎屑云岩，生物碎屑含量较高，可达 50%～85%。主要的生物种类包括腹足类及介形虫等，但生物碎屑破碎，手标本及镜下均难见完整的生

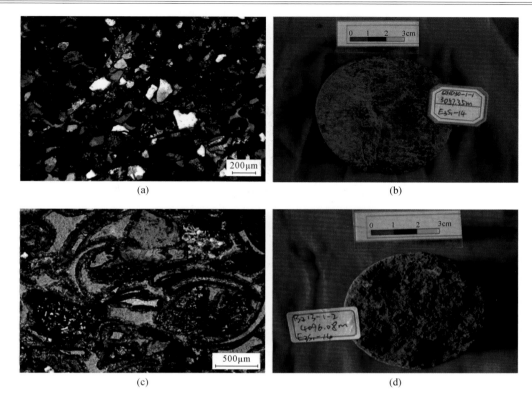

图 4-3　滨浅湖背景混积滩亚相主要特征

（a）CFD5-5-3D 井，3658m，50（＋）；（b）QHD30-1-1 井，3057.35m；
（c）BZ14-1-2 井，4095.96m，5（－）；（d）BZ14-1-2 井，4096.08m

物壳体，零散分布，反映了水流强烈的波动及影响作用，导致生物壳体被反复冲蚀并集中堆积，但并无定向排列。碎屑颗粒零散分布于生物碎屑之间，矿物成分多为火山岩岩屑，其次为石英、长石等。碎屑颗粒分选中等—差，磨圆以次圆状为主，表明相对较强的水动力条件，使得碎屑颗粒受到反复的淘洗，颗粒磨圆度相对较好，但由于靠近物源区，颗粒的分选性相对一般（图 4-4）。

坝的垂向厚度相对滩较厚。以 QHD36-3-2 井为例，在垂向上，单个准层序的垂向厚度约为 10m，整个垂向的混合沉积厚度可达 100 多米。测井曲线表现为微齿状的箱形，表现为相对较稳定的垂向加积作用。

混积坝亚相可以进一步细分为砂质混积坝微相和生屑混积坝微相。整体而言，混积坝具备如下三个沉积学特征：①颗粒沉积物集中沉积；②沉积物单层厚度相对较大；③沉积物明显受到较强的水动力作用。

4. 混积丘亚相

该类亚相发育在相对远离岸的滨浅湖环境，更少受到陆源碎屑的影响，往往呈孤立状丘状外形，多分布在水下隆起及孤岛之上。主要岩性相为含砂生物碎屑云岩，生物碎屑含量较高，可达 60%～90%，并集中分布。主要的生物种类包括腹足类及介形虫等，生物完整性较好，在手标本及镜下均可识别到相对较为完整的生物壳体（图 4-5）。碎屑颗粒含量

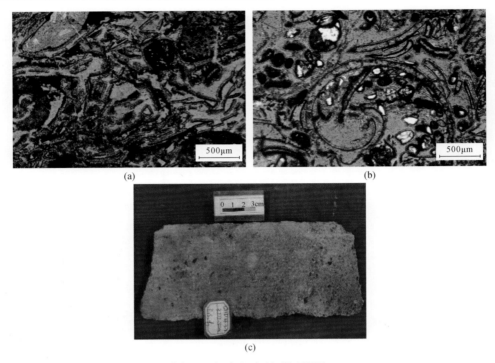

图 4-4　混积坝宏观-微观照片

（a）QHD36-3-2 井，3765.16m，5（+）；（b）QHD36-3-2 井，3773.50m，5（-）；（c）QHD36-3-2 井，3777.50m

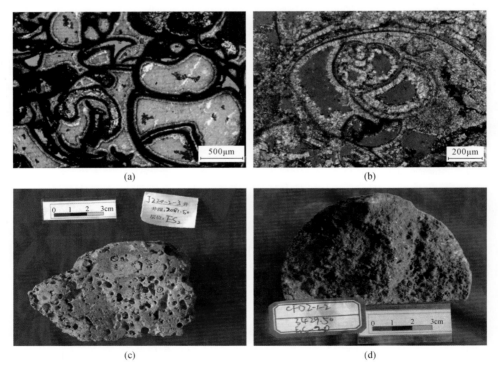

图 4-5　混积丘微相发育特征

（a）CFD2-1-2 井，3431.25m，5（-）；（b）JZ20-2-2 井，2223.18m，10（+）；（c）JZ20-2-3 井，2081.50m；（d）CFD2-1-2 井，3429.50m

相对较低，为 10%～20%，主要来源于局部物源，零散分布于生物碎屑之间，矿物成分多为基底的火山岩岩屑，其次为石英、长石等。碎屑颗粒分选中等—差，磨圆以次棱状为主，碎屑颗粒往往搬运距离很短，常为微异地搬运。该类坝的垂向厚度相对滩也较厚，但相比近岸混积坝核厚度相对小，其垂向累积厚度约 10m，沉积序列往往表现为含砂生物碎屑云岩过渡到云质灰岩，表明坝核沉积转变为湖泊沉积，相对湖平面的迅速上升导致生物的大量死亡，从而导致一个混积单元的结束。

4.2　混积扇沉积内部构成特征及垂向序列

　　混积扇沉积是在扇三角洲砾石背景之上发育起来的混合沉积，具有一定的重力流特征，也可以称为砾质碎屑流混合沉积。

　　整体以砂砾质结构为主，陆源碎屑质砾石含量高，生物碎屑含量较低（一般低于 15%）。主要岩性相包括杂基支撑砾岩相、含生物碎屑细砾岩相、含生物碎屑粗砂岩相等。岩性结构为杂基支撑结构，砾石"悬浮"于杂基基底之上［图 4-6（b）］。砾石分选中等—差，

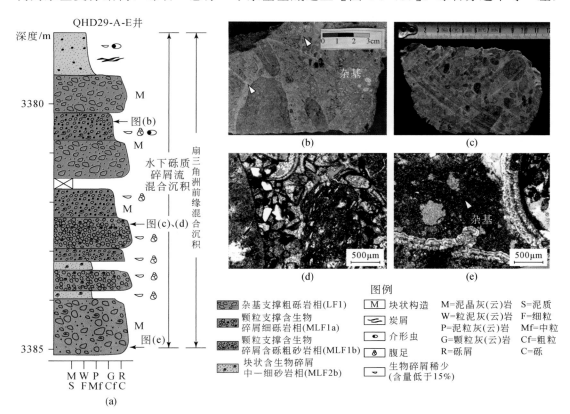

图 4-6　砾质碎屑流混合沉积垂向沉积序列及沉积特征

（a）QHD29-A-E 井，3379～3385m，岩心素描图及沉积体系划分；（b）QHD29-A-E 井，3380.30～3380.40m，岩心照片，颗粒之间杂基支撑（白色箭头）；（c）QHD29-A-E 井，3382.50～3382.65m，岩心照片，含生物碎屑细砾岩，砾石磨圆好；（d）QHD29-A-E 井，3382.50m，显微照片，生物碎屑颗粒随机分布于砾质碎屑颗粒之间，单偏光，蓝色铸体；（e）QHD29-A-E井，3385.17m，砾质碎屑之间的灰泥质杂基（白色箭头），单偏光，蓝色铸体

但磨圆较好［图 4-6（c）］。显微组构特征表现为砂砾质结构，颗粒分选差。生物碎屑颗粒随机分布于砂砾质碎屑颗粒之间，主要可识别出的生物体包括腹足、介形虫等类型［图 4-6（d）］。个别组分中杂基含量相对较高（10%～20%），主要成分为粉砂质灰泥［图 4-6（e）］。以上岩性组合和沉积特征表明混积扇具有快速堆积的重力流成因，证据包括：①陆源碎屑颗粒分选相对较差、杂基含量相对高；②生物碎屑以浅水环境的种属为主（刘士磊等，2012），破碎状，产状呈杂乱分布，不具有定向性，符合快速沉积的特点。虽然沉积物分选差，但磨圆度普遍较好，表明沉积物受到了一定距离的搬运作用，是非近源的原地重力流杂乱堆积。

一个理想的混积扇成因相充填序列包括三个部分：底部为块状杂基支撑砾岩，颗粒粗，杂基含量高，解释为泥质碎屑流（泥石流）沉积段（DB 段）。序列向上岩性转变为块状含生物碎屑砾岩段（MB 段）。该段呈正粒序递变，沉积物颗粒支撑，分选差，但磨圆相对较好，杂基向上渐渐变少。这段可解释为重力流流速降低段，水流能量开始衰减，因此粒度向上变细出现递变。杂基含量开始降低也表明搬运介质发生了变化，由重力流开始逐步向牵引流转变。垂向序列顶部岩性相为块状含生物碎屑细砂岩，可见碳屑定性排列等牵引流特征。该段可解释为重力事件之后的牵引流沉积（TB 段）（图 4-7）。

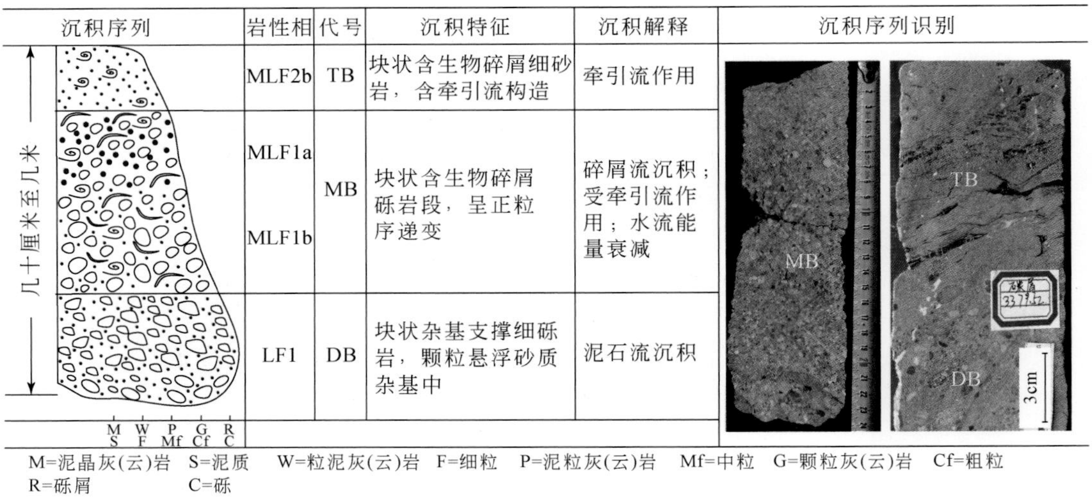
沉积序列
岩性相
代号
沉积特征
沉积解释
沉积序列识别
几十厘米至几米
MLF2b
TB
块状含生物碎屑细砂岩，含牵引流构造
牵引流作用
MLF1a
MLF1b
MB
块状含生物碎屑砾岩段，呈正粒序递变
碎屑流沉积；受牵引流作用；水流能量衰减
LF1
DB
块状杂基支撑细砾岩，颗粒悬浮砂质杂基中
泥石流沉积
TB
MB
DB
3cm
M W P G R
S F Mf Cf C
M=泥晶灰(云)岩　S=泥质　W=粒泥灰(云)岩　F=细粒　P=泥粒灰(云)岩　Mf=中粒　G=颗粒灰(云)岩　Cf=粗粒
R=砾屑　C=砾

图 4-7　砾质碎屑流混合沉积理想沉积序列及沉积解释

4.3　混积滩内部构成特征及垂向序列

4.3.1　近岸混积滩

近岸混积滩在不同的沉积背景下可以具有不同的内部构成组合。典型的沉积环境可以分为两类：①与扇三角洲伴生的近岸混积滩；②与辫状河三角洲伴生的近岸混积滩。

与扇三角洲伴生的近岸混积滩受控于强烈的陆源碎屑影响。内部组成可以识别出近岸砂质混积滩、近岸砾质混积滩、混积重力流沉积等沉积微相。

近岸砂质混积滩是以砂质沉积为主的滩。沉积厚度 1m 左右，主要岩性相为含生物碎屑细砂岩、中—细砂岩。陆源碎屑含量可达 40%～60%，分选中等，磨圆较差，成分与母源成分相关，反映近源快速沉积的过程。生物碎屑含量相对较高，10%～20%，难见完整的生物碎屑壳体，多呈碎片零散分布于砂质碎屑之间。

近岸砾质混积滩是以砾质沉积为主的滩。沉积厚度薄，在岩心上识别出的沉积单元厚 10～50cm。主要岩性相为含生物碎屑的砂砾岩或细砾岩。砾石分选差，砾径为 0.5～3cm，但普遍具有较好的磨圆度。推测可能为近源沉积，但沉积物却经历了一定的异地搬运过程。生物碎屑含量相对近岸砂质混积滩低，含量为 5%～10%，同样以零散的产状分布于砾石之间。

混积重力流沉积是混合沉积物经过重力流作用改造所形成的沉积物，主要发生在扇三角洲背景下，由于近物源的快速堆积作用，陆源碎屑与碳酸盐岩颗粒同时混合沉积下来。主要岩性相为含生物碎屑的砂砾岩、细砾岩，但与砾质混积滩在厚度上有区别：由于近源的重力作用，往往沉积物会快速堆积在一起形成较厚的沉积物，厚度一般为 1～2m。

此类近岸滩的沉积演化序列受控于陆源碎屑的供给。近岸砂质混积滩生物碎屑含量相对较高，表明相对较干净的水体条件，陆源碎屑供给相对减弱。反之近岸砾质混积滩、混积重力流等沉积微相中相对较小的生物碎屑比例，反映当时强烈的陆源碎屑供给抑制了生物碎屑的发育。这样的陆源碎屑供给强弱是间歇性的，与当时的气候、构造背景等因素相关，因此在垂向剖面上，混积过程也具有间歇性的特点，即近岸砂质混积滩、砾质混积滩通常呈交互式发育特点，并偶尔伴有混积重力流沉积（图4-8）。

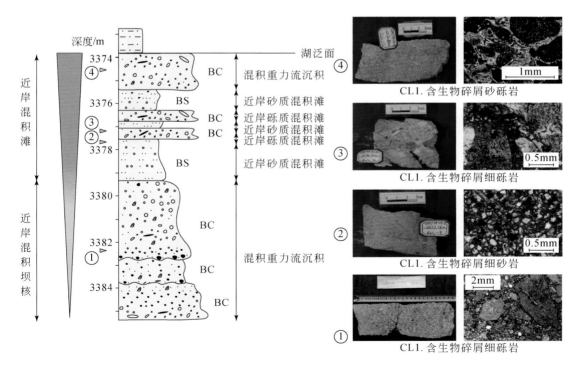

图4-8　与扇三角洲伴生的近岸混积滩内部构成

BC. 生物碎屑砾岩；BS. 生物碎屑砂岩

相比于与扇三角洲伴生的近岸混积滩，与辫状河三角洲伴生的近岸混积滩内部组成相对简单，主要为近岸砂质混积滩。沉积厚度相对较厚，为 2～3m，这主要与辫状河三角洲物源供给及可容纳空间相对较大有关。岩性相组合为含生物碎屑细砂岩夹薄层泥岩或生物碎屑云岩等，反映相对浅水的沉积环境。碎屑颗粒分选磨圆相对扇三角洲沉积背景较好，碎屑分选中等，磨圆以次圆—次棱为主，沉积构造见平行层理，反映相对高能的水流环境。生物碎屑多难见完整碎屑个体，但与扇三角洲沉积相比，生物碎屑分布可见一定的定向性，可能受到了水流作用的影响。

该类近岸混积滩垂向序列以多个近岸砂质混积滩与正常的碳酸盐沉积交替沉积为特征。在物源供给相对充足时，陆源碎屑沉积推进可能会相对较远，因此在水流作用下，生物碎屑与陆源碎屑相互混合沉积形成相对较厚的近岸砂质混积滩沉积。当物源供给相对不足时，此时的陆源碎屑沉积物不能推进较远的浅湖区，浅湖区可以发育碳酸盐颗粒沉积，如 BZ36-2-W 可识别鲕粒沉积（图 4-9）。

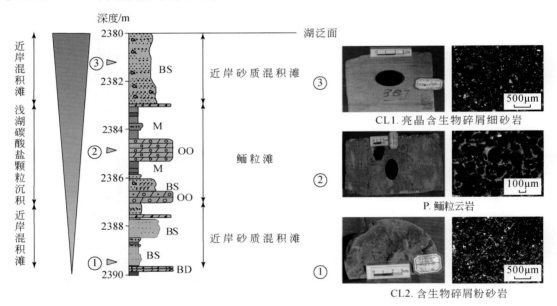

图 4-9　与辫状河三角洲伴生的近岸混积滩内部构成

BS. 生物碎屑砂岩；M. 泥岩；OO. 鲕粒灰岩；BD. 生物碎屑云岩

4.3.2　远岸混积滩

远岸混积滩特点为：①距离岸线相对较远，物源供给相对较弱，混合沉积的厚度不大；②不同的沉积环境决定不同的内部构成。本书研究认为远岸混积滩主要发育两类环境：一类与废弃的三角洲朵体相关，混积滩发育在硬底条件下；另一类与低能沉积环境相关，混积滩发育在软底条件下。

在废弃三角洲朵体沉积背景下的远岸混积滩内部组成为远岸生物碎屑混积滩沉积。该类沉积厚约 2m，主要岩性相为（含）砂（质）生物碎屑云岩。砂屑主要为陆源碎屑颗粒，含量相对较低，约 20%，分选中等—差，磨圆相对较好，以次圆状为主。主要的岩石组构为生物碎屑，含量可达 60%以上。生物壳体多破碎，手标本及镜下均难见完整的生物壳体，表明相对较强的水动力作用。

其垂向序列具有以下特点：准层序发育早期，陆源碎屑供给强烈，生物体生长相对受到抑制。在较大的可容纳空间下沉积了厚层的沉积物，主要的沉积物为湖泊三角洲体系下的各类碎屑岩砂体，如水下分支河道、河口坝等。准层序发育晚期，可容纳空间变小（与相对湖平面上升速率较小有关）。因此虽然此时是相对浅湖的环境，湖水相对较浅，适合大量生物生长，并在水流作用下形成混合沉积，但受可容纳空间限制，沉积厚度相对有限，在岩心段可识别这样的远岸滩厚度约 2m。因此，形成在正常的湖泊三角洲沉积（可容纳空间较大时形成三角洲朵体）顶部沉积相对较薄的生物碎屑质混积岩沉积单元（三角洲废弃期–有限可容纳空间）的沉积序列（图 4-10）。

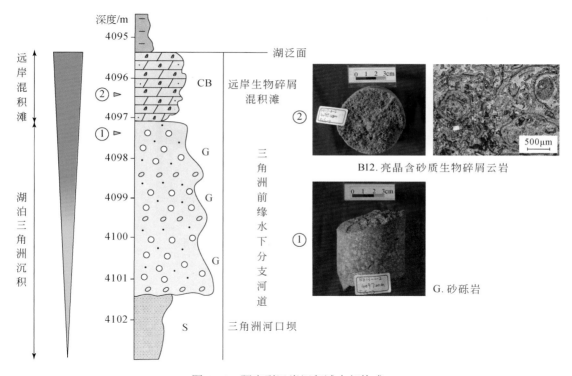

图 4-10　硬底型远岸混积滩内部构成

CB.（含）砂（质）生物碎屑云岩；G. 砂砾岩；S. 砂岩

境下的远岸混积滩一般发育在浅湖区，水动力条件相对较弱，碎屑供给相对不足，因此，以泥质沉积背景为主。远岸混积滩厚度不大，一般为 0.5～1m，主要岩性相为泥灰岩、灰质泥岩及含砂生物碎屑灰岩等。含砂生物碎屑灰岩呈碎屑颗粒结构，主要组构包括生物碎屑，以腹足类为主，大小均一，宏观岩心以黑色小颗粒状均一分布，颗粒大小集中在 1～2mm。碎屑主要为碳酸盐颗粒，分选较好，磨圆以次圆为主，集中与生物碎屑伴生。

垂向的序列也具有"二元"结构特点（图 4-11）：准层序组单元底部为正常的浅湖细粒沉积，岩相主要为泥岩、泥质粉砂岩等，在相对较大的可容纳空间下沉积。准层序组顶部，随着可容纳空间相对减少，湖水变浅，适合生物生长，并在死亡后在软底（泥质灰岩、灰泥岩等）沉积下来，并与少量异地搬运的陆源碎屑混合形成相对较薄的生物碎屑混积滩。

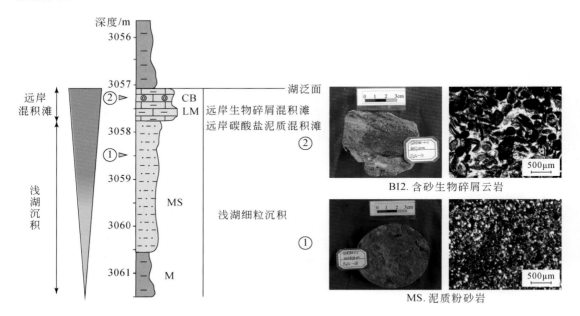

图 4-11　软底型远岸混积滩内部构成

CB. 含砂生物碎屑云岩；LM. 泥质灰岩；MS. 泥质粉砂岩；M. 泥岩

4.4　混积坝内部构成特征及垂向序列

混积坝在垂向上厚度较厚，如 QHD36-3-2 井单个准层序单元往往可以形成一个完整的混积坝沉积，厚度在 10m 左右，多个准层序混积坝单元累计构成完整的坝主体，厚度可达 100 多米。结合钻井、岩心、薄片、曲线等资料，可以识别两类近岸混积坝类型：以砂质沉积为主体的混积坝、以生物碎屑为主体的混积坝。

以砂质沉积为主体的混积坝指坝主体沉积为砂质碎屑沉积，典型的实例是 QHD29-2E-5及 BZ36-2-W 井，可以识别出的内部构成单元包括混积重力流沉积、近岸砂质混积坝和砂质-碳酸盐颗粒混积坝。

混积重力流沉积在 QHD29-2E-5 井底部可识别（图 4-12）。沉积物为分选磨圆较差的砂砾质沉积，颗粒之间多为点接触，大小不一，混杂堆积，无层理。垂向上沉积厚度较大，约为 5m。

砂质混积坝垂向厚度也相对较厚，为 3～5m，主要的岩性相类型包括含生物碎屑细砂岩、中砂岩或含砾细砂岩等。主要的岩石组构为陆源碎屑，含量在 50% 以上，成分以岩屑、石英、长石为主，颗粒多分选中等，磨圆较好，以次圆—次棱状为主。生物碎屑含量在 10%～15%，常见的生物碎屑类型为介形虫，有少量腹足类，生物壳体多为碎片产出，难见完好个体，略有定向性，零散分布于陆源碎屑之间。

砂质-生物颗粒混积坝主要岩性相为（含）砂（质）泥晶藻云岩，主要的岩石组构为碳酸盐颗粒，可识别出藻类生物体，陆源碎屑颗粒含量相对较低，但受限于碎屑岩供给，砂质-生物颗粒混积坝沉积厚度较小，约 1m。

以砂质沉积为主的混积坝垂向上可出现不同的内部构成组合。例如，QHD29-2E-5 井底部坝全部由混积重力流沉积组成，分选磨圆差的碎屑沉积物与生物碎屑颗粒在重力作用下混合沉积构成厚层状重力流沉积物。BZ36-2-W 近岸混积坝坝核主要由近岸砂质混积坝和砂质-生物颗粒混积坝构成，受控物源供给强弱变化，不同的沉积微相在垂向上相互叠置沉积：近岸砂质混积坝代表相对较强的物源供给过程，砂质-生物颗粒混积坝代表缺乏陆源碎屑的生物建造或者生长过程（图 4-12）。

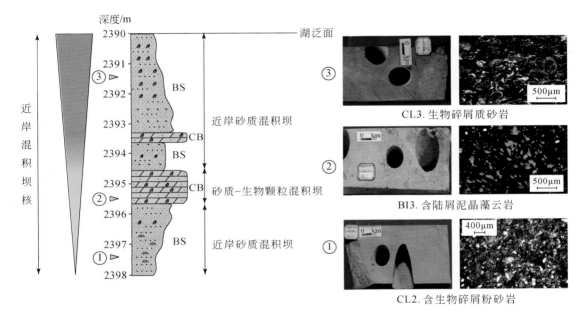

图 4-12 砂质型近岸混积坝内部构成

BS. 含生物碎屑砂岩；CB. 含砂生物碎屑云岩

以生物碎屑为主体的混积坝中混积岩主要以碳酸盐颗粒沉积为主，典型的实例是 QHD36-3-2 井，可以识别出两个主要的内部构成单元：砂质-碳酸盐颗粒混积坝、混积重力流沉积。

砂质-碳酸盐颗粒混积坝主要岩性相类型包括砂质生物碎屑云岩、含砂内碎屑云岩、含砂生物碎屑泥晶云岩等。陆源碎屑主要为近端母源提供的碎屑物质，常见矿物成分包括火成岩岩屑、变质岩岩屑，其次为石英、长石等矿物，碎屑相对含量在 20%～60%。分选中等—差，磨圆次棱状为主，杂乱分布，无明显定向性。碳酸盐颗粒包括生物碎屑、内碎屑等。生物碎屑主要包括腹足类及介形虫等，有少量双壳类。生物碎屑难见完整的壳体，多以碎屑形式杂乱堆积，不具定向性。内碎屑颗粒分选、磨圆较好，未见较为明显的磨蚀，并集中分布，反映浅水高能原地沉积，推测形成后颗粒未经过长距离搬运。

混积重力流沉积主要岩性相为含生物碎屑沙砾岩。宏观岩心可见砂、砾沉积物杂乱堆积，分选差，磨圆以次棱状为主，无层理，颗粒之间点接触或不接触，杂基为泥质或黏土质沉积，反映泥土和砂砾质混杂沉积的泥石流沉积。可见少量生物碎屑分布于碎屑之间，壳体已被溶蚀，仅见生物铸模孔。镜下可见生物碎屑相对破碎，无定向排列在碎屑之间，反映生物体在强烈的水流作用下相对快速地与碎屑沉积物混杂堆积。

完整的混积坝可能仅由砂质–碳酸盐颗粒混积坝构成，一个准层序单元垂向厚度可达10m，与相对较大的可容纳空间有关。若出现事件性沉积，混积生物坝之间或者顶部可能出现 1～2m 厚的混积重力流沉积。混积重力流沉积与上下之间的沉积是明显的突变接触关系，岩心上可识别滞留沉积（图4-13）。

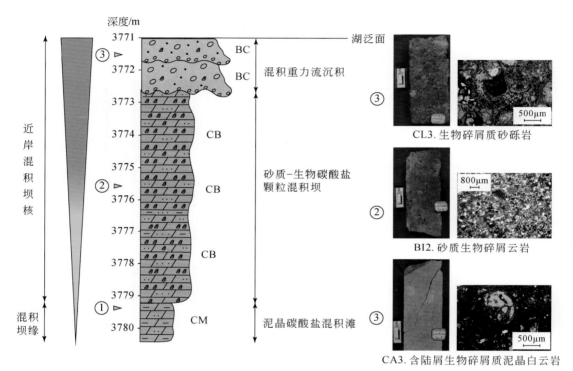

图 4-13　生物碎屑型近岸混积坝核内部构成

CB.含砂生物碎屑云岩；BC.含生物碎屑砂砾岩；CM.含砂泥晶白云岩

4.5　混积丘内部构成特征及垂向序列

生物丘是类似生物礁的一类生物堆积。研究区可识别出类似生物丘的混合沉积，其沉积特征包括：

（1）垂向上表现为丘基和丘核的反复叠置序列。丘基为生物丘的发育基础，由含生物碎屑泥晶砂屑岩、含生物砂屑角砾岩（MLF6）构成。显微组构表现为颗粒呈角砾状、少量生物碎屑呈破碎状堆积，代表了基底角砾和生物碎屑原地破碎和近源堆积的特点 [图4-14（a）、（b）]。丘核的主要岩性相包括含砂屑生物碎屑云岩（MLF3）或砂屑质生物碎屑云岩等。岩性相多呈生物碎屑颗粒结构。生物种属主要为腹足或介形虫等浅水生物，并可保存完好。生物含量可达 60%～90% [图 4-14（c）]。陆源碎屑矿物成分主要是中—

细砂质的石英、火山碎屑颗粒或角砾状陆源碎屑，零散分布于生物颗粒之间，陆源碎屑分选磨圆一般，含量为 10%~20% [图 4-14（d）]。这代表了生物丘混积的核心部分，直接覆盖于丘基之上。这类滩坝类型以浅水生物颗粒沉积为主，代表了滨岸带原地或微异地生物浅滩沉积。推测为相对浅水、养分充足的一种优越的生物群落环境。

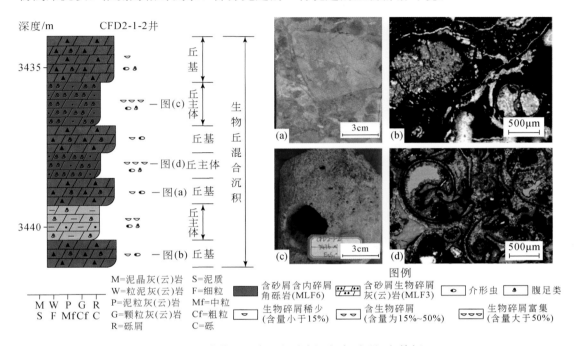

图 4-14　生物丘混合沉积垂向沉积序列及沉积特征

（a）CFD2-1-2 井，3439.1m，含内碎屑角砾岩，岩心照片，角砾状结构，角砾分选差，磨圆一般；（b）CFD2-1-2 井，3441.1m，含内碎屑角砾岩镜下照片，少量内碎屑和生物碎屑零散分布于泥晶基质上，单偏光，蓝色铸体；（c）CFD2-1-2 井，3436.05m，含砂陆源碎屑生物碎屑云岩，岩心照片，生物碎屑颗粒支撑结构，可见保存完好的生物个体；（d）CFD2-1-2 井，3437.25m，含砂陆源碎屑生物碎屑云岩镜下照片，生物碎屑颗粒骨架支撑，砂质的石英或者火山碎屑颗粒零散分布于碳酸盐颗粒之间，单偏光，蓝色铸体

（2）相比于生物礁而言，生物丘混积的个体较小，受湖平面变化影响较大。从垂向或者平面展布特点而言，垂向可识别的一个完整的生物丘序列（丘基和丘核）仅厚 3~5m，最大厚度不超过 10m。通过古地貌恢复发现，生物混积丘的平面展布多数分布于水下隆起及孤岛等相对高部位，平面分布面积有限，这些特点都不同于生物礁最大范围的侧向和垂向延展。

（3）明显受控于湖平面变化，在单井岩心柱上可识别出多个旋回，单个旋回由生物丘基向生物丘核转变，最终向上转变为深灰色泥岩。这些旋回代表了多个湖平面上升的旋回单元，而岩性相和沉积特征随着湖平面的反复波动产生相应的变化。

综合上述三个特征，这符合目前所发表的生物丘的沉积特征（荣辉等，2009；赫云兰等，2012），而这些生物丘沉积主要由混合沉积物构成，在本书被定义为生物丘混合沉积。

第5章 混积岩发育的主控因素及其沉积模式

海相混积岩的成因主要受控于海平面变化、沉积物供给和微地形等因素，同样陆相湖盆混积岩发育演化也受到多个因素的综合影响，包括陆源碎屑、生物发育、古地貌、水动力和古风向及基底等。其中，陆源碎屑、生物发育是混积岩发育的物质基础；古地貌因素和基底特征是控制混积岩分布的重要因素；水动力和古风向则为混积岩发育提供了动力因素。

5.1 混积岩发育的主控因素

5.1.1 陆源碎屑

陆源碎屑对混合沉积的影响包括两个方面：①陆源碎屑输入的强弱，可以抑制或者促进碳酸盐沉淀，形成互层式混合沉积；②起到"稀释"碳酸盐沉积的作用，导致形成成分混合沉积。

首先，碳酸盐颗粒生长对于陆源碎屑的输入是敏感的。在同一个层位或者沉积期，陆源碎屑的大量输入会形成以陆源碎屑沉积为主的沉积层；反之当陆源供给减弱或者消失时，碳酸盐颗粒才可沉淀。时空上两者的先后交替可形成互层式混积岩。这种模式被称为"互层型模式"（reiprocal sedimentation model）（Eppinger and Rosenfeld，1996）。从尺度上而言，互层式混合沉积主要为体系域级别：在低位体系域，陆架暴露地表，导致大量的陆源碎屑输入陆架，使得碳酸盐生产受到抑制而消失；相对高水位导致陆架地区被淹没，陆源碎屑输入减少，碳酸盐生产得以恢复，使得在湖扩–高位体系域形成碳酸盐沉积。由此，在体系域级别形成低位陆源碎屑沉积和湖扩–高位碳酸盐沉积的旋回。

在研究区主要识别出的互层式混合沉积不同于体系域级别的混合，它是微米—厘米级别的，在岩心上表现为纹层状的混合沉积 [图 5-1（a）]。通过环境扫描电镜对纹层进行扫描。SEM 图像表明纹层呈现明暗相间的条纹分布，条纹边界不规则 [图 5-1（b）]。亮色条纹厚度在 0.1～0.4mm，暗色条纹厚度在 0.7～1.4mm。通过 EDS 元素分析可以发现，亮色条纹主要含有钙元素，其次为氧元素和碳元素，通过对比元素的含量，可知道亮色条纹实际上为方解石矿物。反之暗色条纹能谱元素复杂，主要为硅元素和铝元素，其次为氧元素和碳元素 [图 5-1（c）]。通过元素的相对比值认为主要为硅酸盐矿物。结合宏观观察，可认为是黏土矿物。因此元素分析表明条纹是由黏土矿物层和方解石层构成的。

上述的岩矿学分析表明，互层式的混合沉积明显反映陆源碎屑供给变化对纹层形成的差异变化：当陆源碎屑大量输入时，形成黏土矿物层。主要元素组成为硅、铝，以及少量的钠、钾和铁等，这些元素是陆源输入的指示元素。通过陆源的大量供给，元素通过相互依附作用形成黏土矿物层；当陆源碎屑较少或消失时，形成方解石层。方解石的元素中没有相应的陆源碎屑输入的元素，反映相对洁净的沉积环境，湖水中的钙离子沉淀形成方解石层。

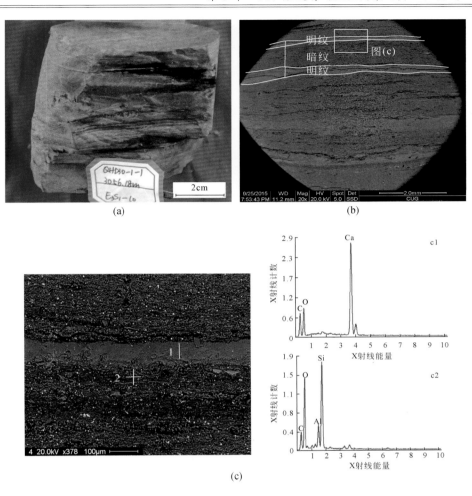

图 5-1　互层式混合沉积岩相学特征及矿物组成

（a）宏观岩心展示，QHD30-1-1，3056.18m；（b）环境扫描电镜下互层式混合沉积 SEM 图像，
见明暗相间条纹；（c）局部放大的 SEM 图像，右侧为 1 位置和 2 位置 EDS 元素图谱

其次，陆源碎屑在混合沉积中扮演了"调和"的角色。与上述第一种情况不同，陆源碎屑的供给并没有完全"毁灭"碳酸盐沉积，而是与碳酸盐颗粒共存。仅仅是由于陆源碎屑颗粒的输入差异使得混合沉积中陆源碎屑和碳酸盐沉积物的比例有所差别。这种特点被定义为陆源碎屑的"调和"作用（Zeller et al.，2015）。碳酸盐体系之所以未被陆源碎屑的输入所完全抑制，受控于多个影响因素共同作用。例如，阿根廷 Neuquen 盆地上三叠统—下白垩统的地层记录了一个海相混积岩斜坡的案例。古地貌（缓斜坡）和气候的共同作用，使得碳酸盐沉积从低位体系域一直延续到高位体系域，陆源碎屑的持续供给仅仅导致不同比例的混合沉积在不同体系域的持续出现。

研究区可以识别出这类模式的混合沉积案例。例如，在 BZ36-2-W 井，2394～2397m 钻井岩心记录了 5 个沉积旋回（图 5-2）：每个旋回下部由含生物碎屑细砂岩或块状砂岩组成，代表陆源碎屑占主要成分的混积砂质滩沉积。旋回上部由砂质或砾质钙藻云岩组成，代表以生物成因碳酸盐颗粒为主的混积钙藻滩沉积。在这个沉积过程中，陆源碎屑供给受控水深的变化由强变弱，混合沉积类型由砂质碎屑为主的混合沉积相转变为以异化粒沉积为主的混合沉积相。

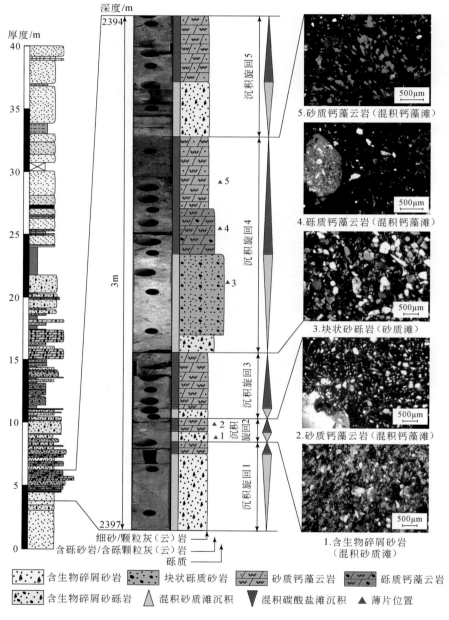

图 5-2　BZ36-2-W 井沉积旋回序列

定量统计碳酸盐-陆源碎屑颗粒发现，虽然两者呈现"此消彼长"的关系，但是陆源碎屑始终没有完全"消除"碳酸盐颗粒，碳酸盐颗粒始终具有一定的含量，与陆源碎屑颗粒相共生。这一现象也说明陆源碎屑的输入导致混合沉积的成分比例出现了改变，但是受控于其他因素，碳酸盐颗粒沉积始终没有被完全抑制。

5.1.2　生物发育情况

对于混积岩来说，必须有生物或者碳酸盐的参与才能构成混合，因此，生物的多少对于混积过程来说非常重要。分析发现渤海探区在沙一、二段有丰富的生物发育，在不少井段都能见到（图 5-3）。

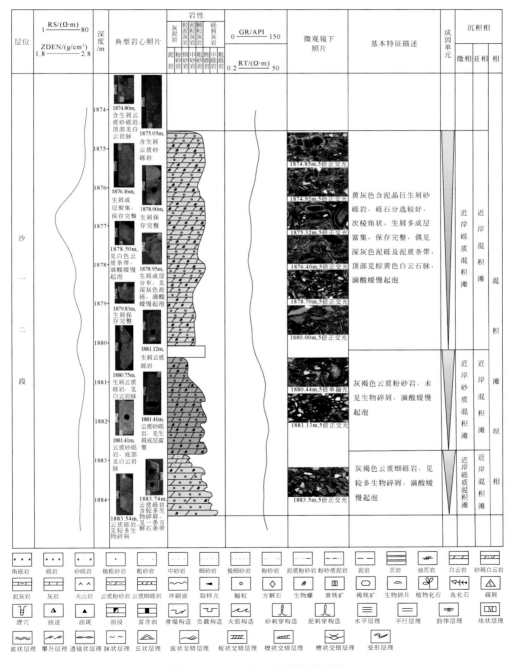

图 5-3　JZ93-5 取心段精细分析图

生物在混积岩中的产出形式主要有两类：一类是分散式，即砂砾岩颗粒中夹杂着生物壳体；另一类是富集式，形成生物单独富集层，如生物贝壳层或生物碎片层。

研究发现，渤海湾盆地沙一、二段生物类型比较单一，以腹足类为主，主要为螺，其次为介形类、双壳类碎片，其他类型的生物占比极少。所见的螺化石个体不大，壳体坚硬，保存完整，可以占到生物化石总量的 60% 左右；介形虫壳体破碎，在手标本上为麻麻点点，俗称为"芝麻饼"，约占生物化石总量的 25%；双壳类约占 10%（图 5-4、图 5-5）。

(a) BZ27-2-2井（介形虫）　　　　　(b) JZ20-2-2井，2226.2m（螺化石）

(c) QHD29-2E-5井，3384.6m（碎屑颗粒夹生物）　　　(d) CFD2-1-2井，3430.85m（螺化石）

图 5-4　沙一、二段主要发育的生物类型

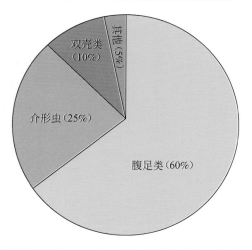

图 5-5　渤海古近系生屑富集带生屑主要类型示意图

5.1.3　古地貌因素

古地貌对混合沉积分布具有明显的控制作用。通过对沙一、二段沉积期不同构造带古地貌进行恢复发现，特殊的古地貌对混合沉积具有明显的控制作用。例如，渤中 36-2 等构造带均位于凹陷隆起区［图 5-6（a）］，这种凹中隆地貌单元提供了相对高的古地形，在这样的地形条件下易形成混积滩坝复合体。反之在相对低洼地带，则以泥质细粒沉积为主，碳酸盐沉淀较少，钻遇的混合沉积厚度薄。代表性实例如秦皇岛 30-1 构造带［图 5-6（b）］，BZ6 井处于凹陷凹中隆地区，钻孔揭示沙一段存在超过 10m 的混合沉积互层；QHD30-1-1 井位于隆起前缘斜坡较深水区，钻井揭示岩性以厚层泥岩为主，仅存在薄层碳酸盐层夹层。

综合渤海海域的古地貌类型，优势混积岩分布于近端低凸起、凹中隆、水下隆起等相对高部位，反之在凹陷低洼地区则以薄层碳酸盐层为主，混合沉积不发育。

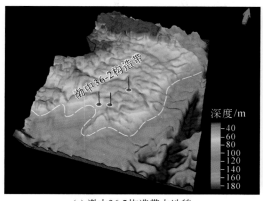
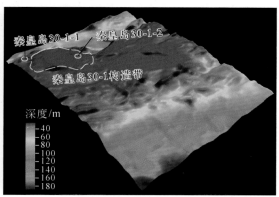

(a) 渤中36-2构造带古地貌　　　　　　　　　　(b) 秦皇岛30-1构造带古地貌

图 5-6　发育混积滩坝复合体古地貌

5.1.4　水介质条件及古风向影响

古水介质条件也是沉积物发育的重要背景之一。淡水和咸水、少盐与高盐等不同的水环境对沉积物的堆积类型有重要的影响。硼（B）是不稳定的元素，在水中可以长时间迁移，河水中 B 的含量较低，盐度较低；海水中 B 的含量受河水补给、火山活动和黏土矿物吸附作用控制，B 的含量较高，盐度较高。图 5-7 是依据 B 元素的含量判定的渤海湾盆地沙一段与沙二段的水介质盐度情况。可以看到，沙二段 B 含量较低，平均值为 29.75μg/g（百万分之几），古盐度参考值为 3.50，属于少盐水环境，相当于淡水环境；而沙一段 B 含量较高，平均值为 74.5μg/g，古盐度参考值为 8.63，属于中盐水环境。

实际上，除了利用 B 元素反映古盐度外，碳氧同位素也可以用来计算古盐度。研究认为，在碳酸盐的矿物相为方解石的条件下，其稳定同位素组成只取决于水体的盐度和温度。因此，可以通过稳定同位素在碳酸盐岩中的分布，分析沉淀碳酸盐的水介质的性质。图 5-8 是实测的碳氧同位素数值。可以看到，沙二段氧同位素负偏较沙一段强，碳同位素正偏较沙一段较弱，说明沙一段盐度较沙二段高。存在两个盐度变化旋回，较高盐度的层位分布在沙二段顶部—沙一段底部、沙一段顶部。

井号	深度/m	层位	B/(μg/g)	B相当	古盐度/‰	介质类型
JZ20-2-1	2113	沙一段	95	200.72	12.57	中盐水
JZ20-2-1	2123		46	155.05	8.11	
JZ20-2-5	2310	沙一段	90	248.64	17.25	中盐水
JZ20-2-5	2330		83	157.97	8.39	中盐水
JZ20-2-13	2870.7		64	113.94	4.09	少盐水
JZ20-2-13	2875		72	131.62	5.82	
JZ20-2-13	2879.7	沙一段	71	182.32	10.77	
JZ20-2-13	2882.7		74	144.02	7.03	中盐水
JZ20-2-13	2884.7		69	128.20	5.48	
JZ20-2-13	2846.5		81	141.69	6.80	
JZ20-2-1	2180.73		36	99.87	2.71	
JZ20-2-1	2180.76	沙二段	26	77.77	0.56	少盐水
JZ20-2-1	2181.51		32	123.04	4.98	
JZ20-2-1	2181.68		25	87.81	1.54	
JZ20-2-2	2200	沙二段	81	151.10	7.72	中盐水

图 5-7 渤海湾盆地沙一、二段古盐度分析图

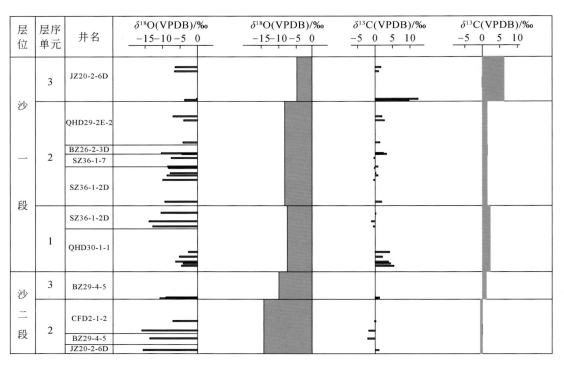

图 5-8 碳氧同位素反映的古环境变化

古风向对于混积岩的影响表现在通过影响波浪活动进而控制生物的富集。一般来说，迎风面阳光充足，氧气丰沛，水体动荡频繁，有利于生物发育与粒屑富集，而背风面由于遮挡作用，水流不畅，光照不足，氧气不足，不利于生物的发育和富集。渤海是典型的季风气候，风向由冬至夏从北向南顺时针转换，冬季多为西北风、北风，夏季盛行东南风。现代地质调查也表明：渤海海岸壳堤主要分布在渤海西海岸，而东部大连海岸和山东海岸极少见，这与现代风向有密切关系，再次证明现代风向在生物的主要生长季节（春末、夏、秋初）是由南东向北西吹的（图 5-9）。

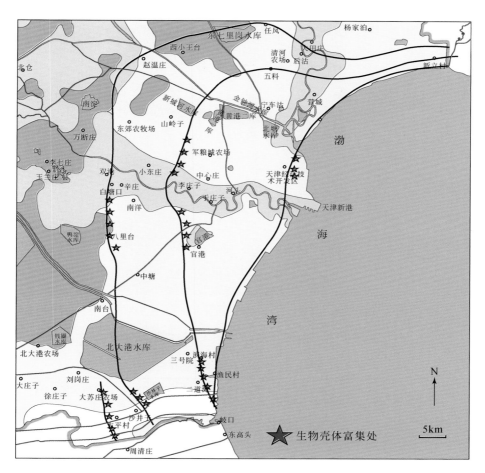

图 5-9 渤海海域近代壳堤的分布（据天津地质矿产局，1992）

相关文献表明，渤海湾盆地渐新统开始出现东南季风（丁仲礼和刘东生，1998；Quan et al.，2012；Licht et al.，2014）。因此，沙一、二段沉积期古风向可能为南东-北西向（图 5-10）。表 5-1 是几口钻井中古生物生长的古风向与碳酸盐岩中生物含量之间的对应关系统计表。很明显可以看到，迎风方向上的钻井生物含量都比较高，如 JZ20-2-2 井，生物含量均值为 38.9%，BZ13-1-2 井中，生物含量均值为 59.7%。因此，古季风对生物的分布具有明显的控制作用。盆内构造带面向南东方向的区域基本上都为迎风面，均见生物富集，而北西方向基本上为背风面，不利于生物发育。

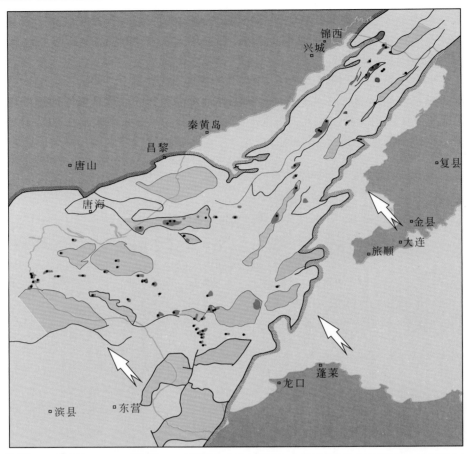

| | 唐山 城市 | | 盆地边界 | | 油田 | | 海岸线 | | 构造带 | • 单井 | | 气田 | | 风向 |

图 5-10 渤海海域古风向示意图（据徐长贵，2006）

表 5-1 沙一、二段碳酸盐岩中生物化石的分布

井名	钻井方位	生物生长期的古风向	层位	碳酸盐岩中生物屑含量		
				范围/%	平均/%	样品数/个
JZ20-2-1	北西	背风	沙一、二段	0～49	13.7	62
JZ20-2-2	南东	迎风	沙一、二段	15～68	38.9	10
JZ20-2-3	北西	背风	沙一、二段	0～43	21.5	6
JZ20-2-10	北西	背风	沙一、二段	4.0～35	18.5	2
BZ13-1-1	北西	背风	沙一段	未见		
BZ13-1-2	南东	迎风	沙一段	8.0～79	59.7	16

5.1.5 基底岩性特征

研究区混积岩沉积特征表明，部分混合沉积可以直接覆盖于构造带硬基底之上（表 5-2）。硬基底为新生界沉积层之前所形成的地层单元，岩性包括火成岩、凝灰岩及碳酸盐岩等。

表 5-2　已发现混积岩构造带基底性质

沉积特征	已钻遇混积岩构造带	基底时代	基底岩性
沉积层直接覆盖硬基底	锦州 20-2	中生界	火成岩
	渤中 13-1	中生界	凝灰岩
	曹妃甸 2-1	中生界	碳酸盐岩
	渤中 29-4	中生界	碳酸盐岩
	绥中 36-1	古生界	碳酸盐岩
沉积层不直接覆盖硬基底之上	秦皇岛 29-2 东、秦皇岛 36-3、渤中 27-2、渤中 36-2、渤中 34-2、渤中 26-2		

　　直接覆盖于基底之上的混积岩构造带占到总混积岩构造带的近 50%，因此，基底岩性性质可能是控制混积岩发育的又一重要因素。基底暴露地表并被剥蚀可以提供陆源碎屑物质，同时基底对生物的发育有两个方面的积极因素：一方面可以形成正地形，类似于水下隆起，有利于生物的附着；另一方面是火山喷出过程中可以带来大量的矿物质，有利于生物的发育。地球化学研究资料表明，几乎地壳中所有的元素都可以在岩浆岩中出现，但其含量却很不相同，含量最多的是：O、Si、Al、Fe、Mg、Ca、Na、K、Ti 等元素，其总和约占岩浆岩总重量的 99.25%，其次为 P、H、Mn、B 等元素，而这些元素是水生藻类、水草、微生物的生长重要营养物质。以对生物发育具有重要意义的 B 元素为例，通过沉积物中 B 元素的测试（表 5-3）发现，覆盖于硬基底之上的钻孔中混积岩 B 元素含量普遍高于不覆盖于硬基底之上的混积岩。这表明，在相似水介质条件下，基底的火成岩等岩性可以向沉积物中提供 B 离子。沉积物中黏土矿物（特别是伊利石）以吸附的形式将 B 元素吸收，可能是形成上述元素差异的原因。

表 5-3　不同沉积层 B 元素含量统计　　　　　　　　（单位：μg/g）

沉积层直接覆盖硬基底	B 含量	沉积层不直接覆盖硬基底	B 含量
JZ20-2-1 井	74（46~95）	QHD29-2E-5 井	24.5（10.3~71.2）
JZ20-2-5 井	86.5（83~90）	QHD29-2E-4 井	46.68（29.5~55.9）
SZ36-1-2D 井	73.5（38~192）	BZ27-2-2 井	32.3（19~44.1）

　　注：括号内表示 B 元素含量范围；括号外为平均值。

5.2　陆相断陷湖盆混积岩发育模式

　　根据混积岩沉积特征和主控因素分析，本书总结出三类陆相断陷湖盆背景下的混合沉积模式，分别归结为与扇三角洲体系伴生混积模式、湖岸或湖湾混积模式和孤立隆起混积模式。其中，与扇三角洲伴生混积模式又细分为两个模式：①扇三角洲体系重力流驱动混合模式；②扇三角洲建设-废弃型混合模式。

5.2.1　与扇三角洲体系伴生混积模式

　　与扇三角洲体系伴生的混合沉积的组分构成包括：①临近物源（凸起）的砂质-砾质碎屑沉积物供给；②近岸或浅湖区域原生沉积的生物碎屑颗粒。古生物鉴定和古生态分析认为，混合沉积中生物种属为腹足类和介形虫。这些生物种属主要生活在靠近滨岸地区无陆源碎屑输入的湖湾或者净水地带。当生物死亡之后，可原地或微异地堆积于靠近临近凸起的滨岸区域或远离凸起的浅湖区域（王冠民等，2009）。特殊的沉积作用是导致上述两类沉积物发生混合现象的原因。造成混合沉积砂体形成的沉积作用包括重力流驱动作用和扇三角洲体系周期性推进与废弃。

1. 扇三角洲体系重力流驱动混合模式

扇三角洲体系内重力流作用导致混合沉积发生过程表述如下：扇三角洲体系建造过程中，在扇三角洲前缘地区形成大量的碎屑岩砂体（河道沉积）。由上文可知，临近凸起的滨岸区域若不受到陆源碎屑输入的干扰，同样利于形成碳酸盐岩沉积。在沉积砂体与前缘斜坡带构成陡峭的地貌单元，即可触发重力流的产生。这样的陡峭地貌的形成包括两种可能性：①前缘本身存在坡度陡峭的地貌单元；②前缘不存在陡峭的地貌，但是随着沉积物的逐渐加厚，沉积物与前缘地貌之间相对地貌高差增加。无论是哪类地貌条件，随着凸起区源源不断供给碎屑沉积物，终究会诱发扇三角洲前缘的重力滑塌事件。随着滑塌事件的发生，前缘地区原生沉积的陆源碎屑和碳酸盐岩沉积物都会共同被搬运至相对更远的地区。不同地貌坡度、沉积物供给决定了扇三角洲前缘不同部位形成不同混合沉积类型。从发生重力事件距离由短及长来看，可能会依次发生砾质水下碎屑流混合沉积、砂质水下碎屑流混合沉积和前扇三角洲混合沉积（图 5-11）。上述沉积作用被归纳为扇三角洲重力流（水下碎屑流）驱动混合模式，这类模式可以用于解释水下碎屑流混合沉积和前扇三角洲混合沉积两类成因砂体的形成过程。

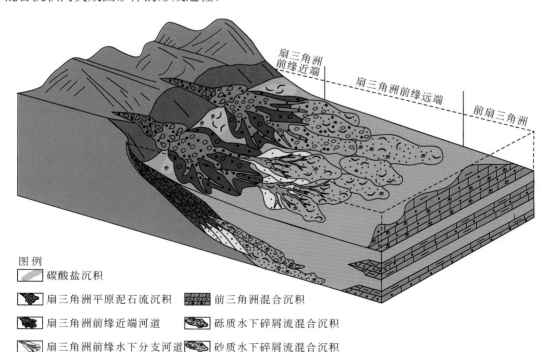

图 5-11　扇三角洲重力流驱动混合沉积模式

2. 扇三角洲建设-废弃型混合模式

扇三角洲体系的周期性建设与终止过程导致的混合沉积表述为：扇三角洲建设期，大量陆源碎屑向湖盆方向输入导致形成大量的沉积砂体。在这样的情况下，碳酸盐生长受到陆源碎屑输入的影响而受到抑制。当扇三角洲砂体供给出现中断时，如扇三角洲河道发生改道导致河道废弃或事件性沉积（如水下碎屑流等）的终止，可导致碳酸盐颗粒在原先沉积砂体基础上的生长。河口坝混合沉积垂向组合和内部构成符合上述沉积过程：河口坝混合沉积在下伏砂质碎屑流沉积（扇三角洲建设期产物）基础上发育，两者往往构成明显的互层型混积。此过程类似于风暴事件作用之后的生物复苏现象（Kreisa，1981）。

利用上述模式可以解释河口坝混合沉积砂体的形成机理：当扇三角洲废弃或者改道时，在河口处发育大量生物碎屑颗粒。河口区湖流作用明显，可将废弃期陆源碎屑和原地形成的碳酸盐颗粒一同经过微异地搬运，形成混合沉积。当扇三角洲进积时，河口区生物碎屑生长受到抑制，难以见到或者少见混合沉积。上述沉积作用可归纳为扇三角洲建设-废弃型混合沉积模式（图5-12）。

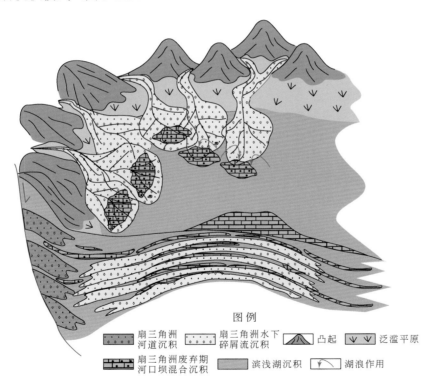

图 5-12　扇三角洲建设-废弃型混合沉积模式

5.2.2　湖岸或湖湾混积模式

湖岸或湖湾混积模式是指在广湖滨岸带形成的混合沉积。根据混合沉积叠置样式的不同，将湖岸混合沉积分为两类：①成分混积的滩坝复合体沉积，即砂质碎屑与生物碎屑以颗粒混合的方式形成的混积滩或者坝沉积；②互层式混积的滩坝复合体沉积，即碎屑岩与碳酸盐岩纹层以互层的方式形成的混积滩沉积。

1. 成分混积型湖岸混积模式

这类混合沉积受控于相对水深和湖流作用两个方面。相对水深通过决定碳酸盐类型及陆源碎屑流入量，间接控制滩坝混合沉积类型。浅水地区陆源输入量较大，因此形成以砂质碎屑为主的滩坝类型，主要碳酸盐颗粒类型为浅水的生物颗粒。随着水深加大，陆源碎屑颗粒供给开始减少，可在不同深度内形成不同异化粒为主的滩坝类型。研究区混合沉积中异化粒类型包括鲕粒、生物碎屑颗粒及钙藻沉积。鲕粒被认为是对古环境具有良好响应的碳酸盐颗粒。结合大量前人对鲕粒沉积环境及特征的研究认为，鲕粒出现在浅水高能的台地、滨海等环境，受控于海（湖）平面的变化。一些观点认为鲕粒形成于小于 10m 的水深（陈小炜等，2012）。Harris 对巴哈马 Joulters 鲕粒滩的研究认为在水深 3m 左右形成了鲕粒滩（Harris，1983）。此外，Land 对巴芬湾鲕粒的形态学研究认为，同心状的鲕粒代表了高能环境，反之水动力条件较弱的环境形成放射状鲕粒（Land et al.，1979）。在研究区普遍发现同心状鲕粒 [图 3-1（h）]，表明形成的鲕粒代表了浅水高能条件。综合上述观点认为鲕粒滩代表了动荡的近岸环境，水深很可能在 10m 以内。微体古生物化石揭示研究区沙一、二段主要的生物门类为腹足类与介形虫。其中，沙二段腹足类以似瘤田螺（*Tulotomoides*）为主，沙一段则出现恒河螺（*Gangetia*）、狭口螺（*Stenothyra*）等优势种属类型。主要介形虫种属包括小豆介属（*Phacocypris*）、玻璃介属（*Candona*）、小河星属（*Potamocyprella*）等，均属于浅水介形类属群，常与鲕粒混在鲕灰岩中一起沉积。研究区也发现介形虫繁盛的层位上下会同时发现鲕粒产出。因此可以推测，渤海海域沙一、二段的生物碎屑与鲕粒出现的水深相对接近，两者可以互层式产出。钙藻生活在透光带内，以便获取光合作用所需要的阳光。湖盆透光带在水深 30m 以内（毕力刚等，2009）。根据前人对研究区藻类的鉴定结果，沙一、二段藻类主要包括薄球藻属（*Tenua*）、角凸藻属（*Prominangularia*）、棒球藻属（*Filisphareidium*）和副渤海藻属（*Parabohaidinalaevigata*）等。这些藻类的水体环境均为滨浅湖环境。因此，推断渤海地区藻类生长深度可能会稍微深于鲕粒沉积（近岸）。除了异化粒，碳酸盐泥晶往往与泥质粉砂岩段呈纹层状产出。这种结构上的混合沉积往往具有多种成因，前面已解释了这类岩性相可能发生于正常浪基面附近相对低能的环境（吴靖等，2016；陈世悦等，2017），因此，相比异化粒颗粒，泥晶滩的出现代表了水深更大的环境。

通过上述论述，不同滩坝混合沉积类型大致对应的水深为：碳酸盐泥晶滩水深最大，仅仅受到重力事件带来的陆源碎屑影响。远岸生物砂质混积滩坝以细砂质沉积为主，少量生物碎屑的产出被认为是异地搬运产物。浅水钙藻混积滩坝与生物碎屑-鲕粒混积滩坝以细砂质陆源碎屑为主，碳酸盐颗粒产出水深大体一致，但陆源碎屑含量在钙藻沉积中比例最低，可推测钙藻滩的水深相对较深。近岸带通常形成以陆源碎屑为主的砂质或砾质滩坝，是水深最浅的滩坝类型。

除了水深控制滩坝混合沉积类型之外，湖流的搬运作用是滩坝混合沉积形成驱动力之一。在近岸砂质生物混积滩中可识别出少量波状层理，代表了这个区域可能受到湖浪的向岸-离岸冲洗。远岸生物砂质混积滩坝中生物碎屑具有定向排列特征，推测波浪作用可将近岸的生物碎屑搬运至相对较深的环境。

通过上述讨论，成分混积型湖岸混积模式可表述如下（图 5-13）：受水深影响，近岸带可出现浅水生物碎屑、鲕粒及钙藻等沉积。湖浪在近岸带反复向岸–离岸运动，可以携带、搬运陆源碎屑颗粒，与上述不同水深的碳酸盐滩坝相互混合，形成不同类型滩坝混合沉积。在远岸带，湖水能量减弱，同时湖浪运动方式也变成向着湖盆方向的单向水流作用。这种单向的湖流可将浅水区的碎屑物和碳酸盐共同搬运至相对低能区，形成远岸砂质滩坝混合沉积。更远岸地区碳酸盐化学沉淀和周期性悬浮陆源碎屑输入，形成互层型的泥晶滩混合沉积。颗粒受控微弱的湖流作用呈定向排列。

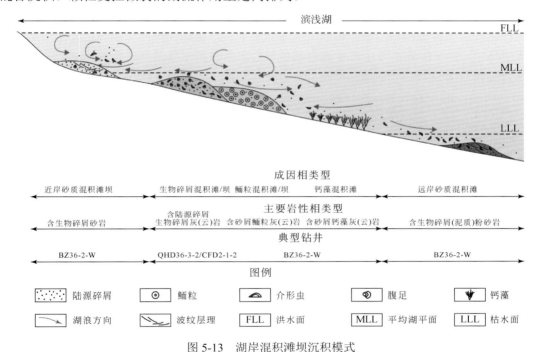

图 5-13 湖岸混积滩坝沉积模式

2. 互层式湖岸混积模式

相比于成分混积型的湖岸混积岩，互层式湖岸混合沉积主要发育于水体加深的滨浅湖环境。前文通过岩相学和矿物组成判识了互层式混合沉积受控于陆源碎屑的间歇性输入。这里进一步利用元素地球化学测试对古气候和盆地古水介质特征进行分析，以综合提出互层式湖岸混合沉积模式。

首先，Fe/Mn 和 Sr/Cu 是常用的判断古气候的指标。Mn 元素通常在气候干旱、湖水蒸发作用强的时候以离子的形式达到饱和沉淀；反之在潮湿气候条件下，Fe 元素易以胶体形式沉淀。因此，Fe/Mn 高值指示温湿气候，低值指示干热气候（陈亮等，2009）。Sr 元素富集的成因多归结于干旱气候条件下湖水浓缩沉淀或者温湿条件下海侵（尚飞等，2015）。从混合沉积段（互层式混合沉积）和非混合沉积段元素结果看，前者 Fe/Mn 平均值在 118 左右，Sr/Cu 平均值约为 9.1；后者 Fe/Mn 平均值约为 80，Sr/Cu 平均值约为 15.6。垂向对比也明显看出混积沉积段古气候明显表现为相对温湿的条件（图 5-14）。随着气候变为相对温湿的条件，陆源碎屑输入呈现出正相关关系。以指示陆源碎屑输入的指标 Al、Ti 及 Ti/Al 值为例进行说明。混合沉积段 Al 元素含量为 14.6%～17.58%，平均值为 16.4%；Ti 元素含量范围为 0.64%～0.89%，平均值为 0.78%；Ti/Al 值范围为 0.043～0.51，平均值为 0.047。非混合沉积段 Al 元素含量为 11%～17.2%，平均值为 14.2%；Ti 元素含量范围为 0.3%～0.88%，平均值为 0.59%；Ti/Al 值范围为 0.022～0.053，平均值为 0.042。可以看出，随气候变温湿，Al、Ti 的含量明显增加，两者比值相对稳定，但是混积岩段范围明显较为稳定，表现出相对稳定的陆源碎屑供给。

其次，从水体氧化还原性质和古盐度两个指标对古水质特征进行判别。V/（V+Ni）是典型的判断水体氧化还原的指标。混积岩段 V/（V+Ni）范围为 0.69～0.76，平均值为 0.75；非混积岩段该指标范围在 0.66～0.78，平均值为 0.74。可见在滨岸带水体均处于中等分层的厌氧环境。相当 B 是利用元素 B 通过相应校正之后获得水体盐度的指标（Adams，1965）。混积岩段相当 B 含量范围为 67～175，平均值为 114；非混积岩段范围为 30～110，平均值为 71。可见，混积岩段明显水体盐度加大（图 5-14）。

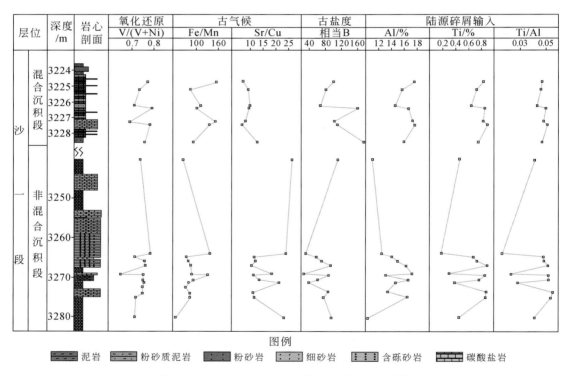

图 5-14　QHD29-2E-2 井主微量元素垂向序列图

综合元素地球化学分析测试的结果，可以看出混合沉积段发育在相对温湿的气候条件，此时湖水水体分层中等且处于厌氧的环境。同时水体古盐度相对较大，相对温湿的气候为陆源碎屑输入提供了条件，水体较大的古盐度对碳酸盐沉淀具有重要的促进作用，水体的加深导致水体分层及厌氧环境形成，是层系得以保存的条件。

结合混合沉积段的岩石学、矿物组成，提出相对水体加深的滨浅湖环境下互层式混合沉积形成模式：当湖平面上升时，古气候相对潮湿温暖、古水体盐度较高，相对温暖的气候也促使水体中浮游生物或者底栖生物大量繁殖，为水体提供了大量的碳酸盐［图 5-15（a）］，在陆源碎屑输入有限的前提下，水体中碳酸盐颗粒可以过饱和沉淀析出，形成碳酸盐层［图 5-15（b）］。当降水更加充足时，化学风化作用增强，湖盆中陆源输入增加，导致湖水变得相对浑浊。在这样的环境下，碳酸盐生长受到抑制，从而形成以陆源碎屑颗粒（黏土质）为主的沉积层［图 5-15（c）］。相对较深的水体导致水体的中等分层，使得上述层系能较好地保存下来［图 5-15（d）］。

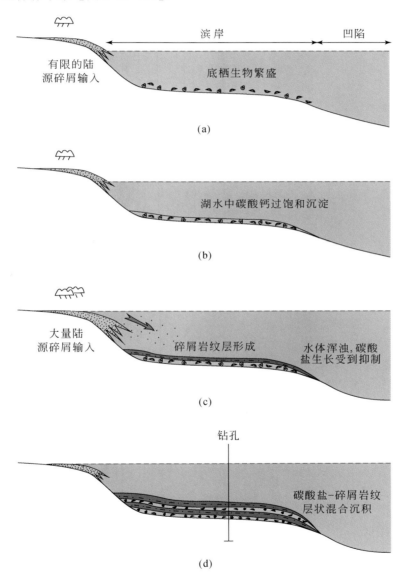

图 5-15　互层式湖岸混积模式

（a）陆源碎屑输入有限，水体盐度较高，底栖生物或者浮游生物繁盛，水体中存在大量碳酸盐；（b）大量碳酸盐可饱和析出，形成碳酸盐层；（c）当降水更加充足时，化学风化作用增强，湖盆中陆源输入增加，导致湖水变得相对浑浊，碳酸盐生长受到抑制，从而形成以陆源碎屑颗粒（黏土质）为主的沉积层；（d）水体加深导致水体中等分层，形成滨岸带的碳酸盐岩-碎屑岩互层式混合沉积

5.2.3　孤立隆起混积模式

　　孤立隆起区相对远离滨岸线，长距离输入的陆源碎屑物极少，粗粒、分选差的砂质或砾质碎屑源于隆起区的短源搬运沉积，所含生物主要以原地的生物碎屑颗粒沉积为主。孤立隆起区的混合沉积发育模式可以表述如下：湖盆中央的孤立隆起早期暴露地表，在隆起边缘形成厚度较大的坡积物 ［图 5-16（a）］。随着湖平面上升，孤立隆起逐渐被浸没。早先的基底可以提供大量的矿物质成分，如生物生长所需的 K、Ca、Na，以及 B、P 等离子，使得隆起周缘古生物的生长繁盛。生物死亡之后原地堆积于基底之上，与少量的基底剥蚀物形成混合沉积。这样受较为稳定的湖平面、地形条件的影响，可以形成面积大、垂向厚度厚的混积丘沉积 ［图 5-16（b）］。

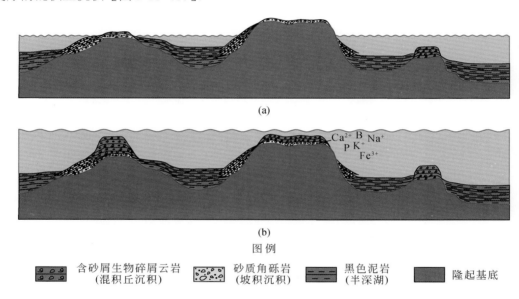

图 5-16　孤立隆起混合沉积模式

（a）湖平面较低，隆起区遭受普遍风化剥蚀作用形成原地剥蚀沉积物或者坡积物；（b）湖平面上升，隆起区基底剥蚀物提供大量矿物质离子，同时较高的地形促进了生物生长，生物死亡之后可在基底之上直接形成混积丘沉积

第6章 混积岩优质储层成因机制及主控因素

混积岩储层是陆相湖盆中深层潜在的重要储层。本书结合渤海探区大量的薄片观察及地球化学测试分析结果，系统总结混积岩储层的基本特征，并对混积岩优质储层的发育机制进行综合研究，为进一步开展油气储层评价及预测提供依据。

6.1 混积岩储层基本特征

6.1.1 混积岩储层孔隙类型

渤海探区沙一、二段混积岩储层的储集空间主要是孔隙，少见裂缝。孔隙又进一步细分为原生孔隙和次生孔隙两种。

1. 原生孔隙

渤海探区沙一、二段混积岩储层发育的原生孔隙形态多样，主要可分为原生粒间孔、残余原生孔、晶间孔和生物骨架孔等类型。

混积岩储层中原生粒间孔常见，孔隙大小在 0.2～0.3mm，个别可大于 0.5mm。存在大量粒间孔隙的岩性相普遍表现为岩石颗粒较大，粒度至少在砂岩级别或者生物颗粒大于0.1mm，并且粒度较为均匀，即分选较好。例如，BZ29-4-5 井，薄片观察表明颗粒主要为0.25mm 左右的碳酸盐岩屑颗粒 [图 6-1（a）]；BZ36-2-W 井发育鲕粒颗粒，鲕粒分选普遍较好，颗粒大小集中在 0.1～0.3mm [图 6-1（b）]。这样的岩石颗粒类型有利于提高岩石骨架抗压实性，因此可能是粒间孔得以保存的原因。

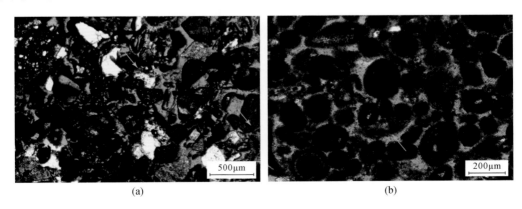

(a)   (b)

图 6-1 渤海探区混积岩原生粒间孔

（a）BZ29-4-5 井，深度 2351.27m，单偏光，黄色箭头代表粒间孔；（b）BZ36-2-W 井，深度 2386.24m，单偏光，黄色箭头代表鲕粒间粒间孔混积岩中残余原生孔主要是在原生粒间孔形成之后，受到后期胶结物的充填影响而残余下来的原生孔隙。胶结物主要为碳酸盐栉壳状胶结。这类胶结物主要表现为环绕着岩石颗粒生长，呈犬牙状，直径在 20～40μm 或者呈颗粒状占据原生孔隙 [图 6-2（a）]。这类胶结物虽然能占据一定的原生孔隙空间，但是原生孔隙还是有大量空间尚未被占据，因此这类孔隙亦可提供较好的储层空间 [图 6-2（b）]。

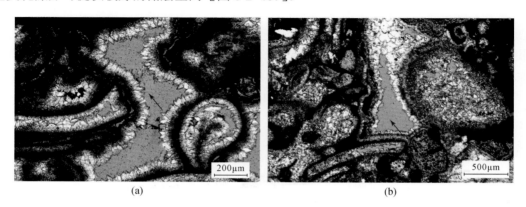

图 6-2　渤海探区混积岩残余原生孔

（a）CFD2-1-2 井，深度 3426.3m，单偏光，箭头代表栉壳状胶结物占据而形成的残余原生孔；
（b）QHD29-2E-5 井，深度 3385.17m，单偏光，箭头代表颗粒状胶结物占据而形成的残余原生孔

晶间孔隙指的是碳酸盐矿物之间形成的孔隙。渤海探区混积岩储层发育的晶间孔主要是白云石亮晶胶结物之间的孔隙，胶结物白云石呈细晶—粉晶状，大小在 0.05～0.3mm [图 6-3（a）、（b）]。由于在镜下未见到泥晶转变为亮晶的重结晶作用证据，因此很可能是在原生孔隙形成之后，粒间孔隙水沉淀形成新的胶结物占据原生孔隙，并在这些胶结物之间形成晶体之间的孔隙。

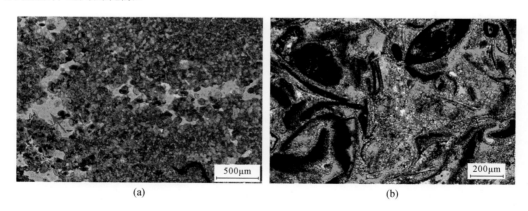

图 6-3　渤海探区混积岩晶间孔

（a）BZ13-1-2 井，深度 3426.3m，单偏光，箭头代表细晶白云石之间的孔隙；
（b）QHD29-2E-5 井，深度 3344.69m，单偏光，箭头代表微晶白云石胶结物之间的孔隙

生物骨架孔是生物死亡之后保存下来的生物组构间的孔隙，如生物体腔孔，BZ36-2-W 井存在藻类沉积形成的藻骨架孔隙。孔隙保存完好，未见后期的充填物堵塞孔隙，形成较

高的孔隙度（图 6-4）。生物体腔孔隙是具有骨骼或壳体的生物死亡后，软体部分腐烂后留下的骨骼内或壳体内的孔隙 [图 6-5（a），图版Ⅲ（a）]。这类孔隙在以生物碎屑为主的混积岩或者以陆源碎屑为主也包含生物碎屑的混积岩岩性相中均有存在。孔隙的大小不一，粒径亦可达到 500μm 以上，是混合沉积中主要的一类孔隙空间。

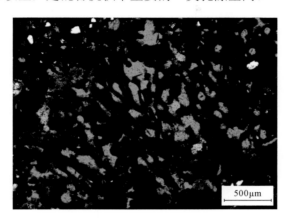

图 6-4　渤海海域混积岩生物骨架孔

BZ36-2-W 井，深度 2395.5m，单偏光

2. 次生孔隙

混积岩储层中发育的次生孔隙包括生物铸模孔、粒内溶蚀孔、粒间溶蚀孔和晶间次生溶蚀孔。

生物铸模孔是较为常见的次生孔隙类型之一。多数铸模孔特征表现为中心部分被完全溶蚀，仅保存壳体外圈及泥晶包壳部分，而被溶蚀部分多未被后期方解石或白云石胶结物充填，部分铸模孔则呈充填—半充填状态。由此可见孔隙多数独立分散分布，因此连通性差 [图 6-5（b）]。

粒内溶蚀孔是指溶蚀作用发生在颗粒内部形成的内部孔隙 [图版Ⅲ（c）、（d）]。根据颗粒类型的不同可分为生物体腔内溶蚀孔和岩屑颗粒溶蚀孔两种。孔径大小在 0.2~0.4mm [图 6-5（c）]。

粒间溶蚀孔也可称作扩大粒间溶孔，主要是在原生粒间孔的基础上溶蚀扩大形成，并且其孔隙呈不规则状，被溶蚀的颗粒边缘常呈现锯齿状。渤海海域混积岩储层粒间溶蚀孔孔径差别较大，渤中 27-2 地区粒间溶蚀孔孔径为 0.1~0.2mm，分布较分散，孔隙连通性较差，形态呈不规则多边形，孔隙内部基本未充填亮晶或泥晶胶结物；锦州 9-3 地区粒间溶蚀孔发育超大孔隙，粒径在 1.5cm 左右，孔隙边缘呈不规则锯齿状，孔隙内部被泥晶胶结物充填，呈孤岛状分散分布。

晶间次生溶蚀孔与原生的晶间孔不同的是，这类孔隙是在成岩作用过程中由于胶结物沉淀并再次发生溶蚀作用而形成的孔隙 [图版Ⅲ（e）]。在混积岩岩性相中可见到多次胶结作用，而胶结物在后期会发生溶解作用而产生这类孔隙。这类孔隙粒径大小在 0.2mm 左右，孔隙空间较小且连通性差，不是主要的油气储集空间 [图 6-5（d）]。

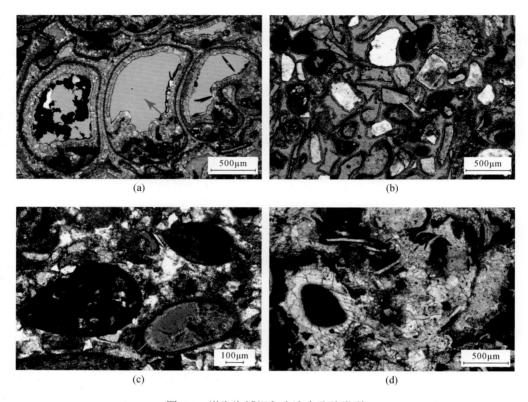

图 6-5　渤海海域混积岩次生孔隙类型

（a）CFD2-1-2 井，深度 3437.25m，单偏光，箭头代表生物体腔孔；（b）QHD36-3-2 井，深度 3768.53m，单偏光，箭头代表生物铸模孔；（c）BZ27-2-1 井，深度 3752m，单偏光，箭头代表粒内溶蚀孔；（d）CFD2-1-2 井，深度 3439.35m，单偏光，箭头代表晶间溶蚀孔

6.1.2　混积岩储层物性

通过分析认为，渤海海域混积岩的物性与岩相也有密切的对应关系。根据典型混积岩岩心样品的孔隙度–渗透率实测数据（图 6-6、表 6-1），并结合前人对渤海地区中深层储层分类标准，混积岩储层被划分为四类：①第一类储层具有最优的储层物理性质。这类储层岩性相集中在 BI1 和 BI2 区间，岩性相组构以生物碎屑颗粒为主要填充物，胶结物含量少。储层平均孔隙度在 30% 左右，平均渗透率均远远高于 100mD ［图 6-6（a）］。②第二、三类储层具有次等的储层物理性质。数据点相对较少，主要岩性相包括 CL4、CL6 和 CA2 等。这两类储层平均孔隙度集中在 10%～15%，平均渗透率低于 1mD。③第四类为物理性质最差的储层。储层岩性相包括 CL3、CA1、CA2 等。这些岩性相岩石组构以碳酸盐泥晶–陆源碎屑为主，随着泥晶含量的增加，孔渗条件变差 ［图 6-6（c）］。例如，CA1岩性相的孔隙度、渗透率平均值分别为 11.2% 及 0.34mD，而泥晶含量更高的 CA2 岩性相，孔隙度、渗透率平均值分别为 8.3% 及 0.11mD。

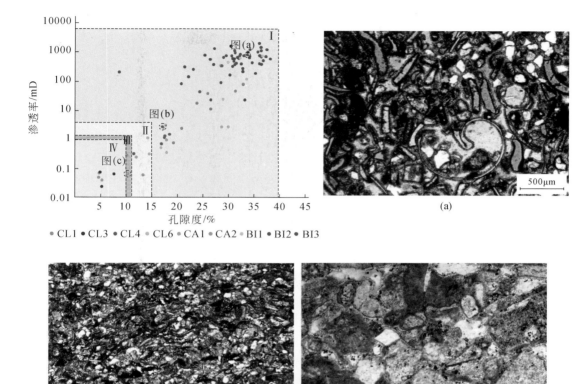

● CL1 ● CL3 ● CL4 ● CL6 ● CA1 ● CA2 ● BI1 ● BI2 ● BI3

图 6-6　不同岩性相储层物性分布

（a）含砂生物碎屑云岩（MLF3）；（b）含生物碎屑砂岩（MLF1）；（c）含生物碎屑泥晶细砂岩（MLF6）

表 6-1　渤海海域不同岩相的物性对比分析表

岩性相区间	岩性相	孔隙度区间/%	孔隙度平均值/%	渗透率区间/mD	渗透率平均值/mD
S	陆源碎屑岩类	6.8～30	19.31	0.197～340.05	50.39
CL1	含泥晶碎屑岩	19.3～32.9	26.61	0.762～80.408	35.67
CL4	含生物碎屑岩	11.5～28.7	19.2	0.3～340.1	73.3
CL6	生物质碎屑岩	14.3～18	16.5	0.32～3.1	1.31
C-C-B2	陆屑-生物岩	24.9～33.2	28.1	24.1～615.7	383.41
BI1	陆屑质生物碳酸盐岩	8.7～38.2	30.8	23.2～1961	608.6
CA2	含陆屑泥晶碳酸盐岩	4.6～30.4	17.41	0.04～1577.3	380.6
BI2	含陆屑生物碳酸盐岩	22.168～37.495	32.3	22.8～1432.2	690.01

　　通过上述储层物性分类可以看出，属于第一类储层的测试样品占了 85% 左右，这证明虽然混积岩储层处于中–深部埋深，但是依然保持了较好的储层物性。然而从散点图也可以看出，属于第一类储层的样品孔渗范围部分较广，孔隙度分布区间在 15%～45%，渗透率范围在 1～1000mD（图 6-6）。因此，利用现行的储层物理性质指标不能完全对混积岩的

储层性质进行评价。为了更好地对储层性质进行评价，需要引入更多的参数指标对优质储层进行分类。

6.2 混积岩储层成岩演化历史

沙一、二段混积岩储层主要的成岩作用类型包括：泥晶化作用、胶结作用、白云石化作用和溶蚀作用。此外，还可观察到其他一些次要的成岩作用类型，包括压实作用、黄铁矿交代、石英加大边、晚期碳酸盐（铁方解石）交代等。下文将通过岩石学观察，并结合地球化学测试着重阐述上述各类成岩作用的特征及成因机理，建立相应的成因模式。

6.2.1 成岩作用类型及特征

1. 泥晶化作用

1）岩石学特征

泥晶化作用表现为颗粒外缘构成环带结构［图 6-7（a）］。核心由生物碎屑颗粒或者陆源碎屑颗粒组成。在扫描电镜下可看出颗粒外圈泥晶化的矿物为自形的白云石颗粒，紧密"附着"于颗粒表面［图 6-7（b）］。泥晶包壳厚度差异较大。薄层状的泥晶包壳厚度为 1～2μm［图 6-7（c）］，阴极发光呈暗橙色环边状［图 6-7（d）］；厚层状的泥晶包壳厚度可达几十微米［图 6-7（e）］，内部可见多层环边结构［图 6-7（e）、（f）］。

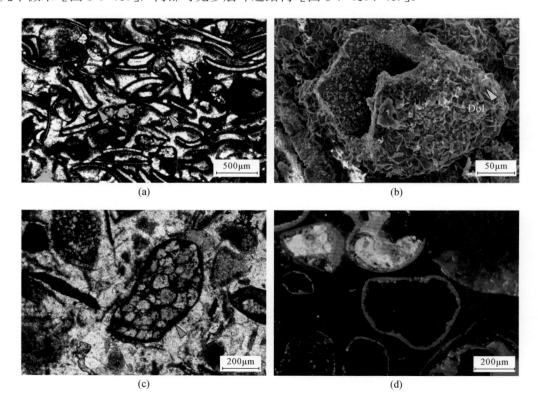

(a) (b)

(c) (d)

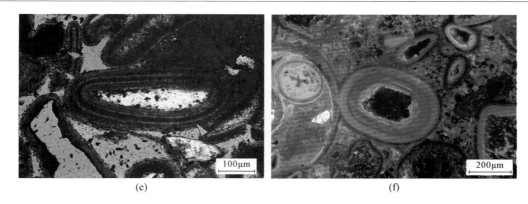

图 6-7　渤海海域泥晶化作用特征

（a）泥晶化作用与生物碎屑颗粒构成泥晶包壳结构，粉色箭头，CFD2-1-2 井，3425.8m，单偏光；（b）泥晶包壳扫描电镜下见自形白云石颗粒（Dol，黄色箭头）紧密附着，QHD36-3-2 井，3776.28m；（c）薄层状泥晶包壳，红色箭头，BZ29-4-5 井，2351.68m；（d）薄层状泥晶包壳呈单圈层暗橙色阴极光，QHD36-3-2 井，3763.69m；（e）厚层状泥晶包壳见多圈层结构，QHD36-3-2 井，3763.69m，单偏光；（f）厚层状泥晶包壳见阴极光下见多圈层结构，暗橙色–亮黄色圈层交替，QHD36-3-2 井，3777.5m

2）地球化学特征

基于泥晶包壳微区电子探针和不同样品全岩无机碳–氧同位素的分析测试数据，对泥晶化形成的成岩环境进行了研究。

A. 电子探针

电子探针分析共获取 66 个泥晶包壳点位，其中在个别样品的不同位置获取了多个点位的探针元素数据。从原位数据上看，泥晶包壳不同位置检测出两组差别较大的数据。以图 6-8 为例，在泥晶包壳外圈层[图 6-8（c），点位 1]测出相对较高的 Mg 离子含量（19.802%）；反之在内圈层[图 6-8（c），点位 2 及 3]测出相对较低的 Mg 离子含量（16.079% 和 17.858%）。

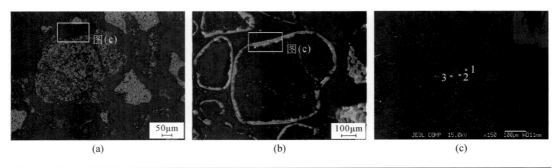

编号	氧化物分析结果/%										
	Na_2O	K_2O	FeO	MgO	CaO	MnO	Al_2O_3	TiO_2	SiO_2	CO_2	合计
1	0.097	0.012	—	19.802	32.649	0.014	0.014	0.052	0.015	47.374	100.029
2	0.082	0.098	1.681	16.079	31.594	1.537	0.358	—	0.766	47.063	99.258
3	0.102	0.080	0.955	17.858	31.283	1.172	0.184	0.038	0.357	47.266	99.295

(d)

图 6-8　泥晶包壳环带原位电子探针分析

（a）透射光下泥晶包壳特征及选取电子探针分析位置；（b）泥晶包壳呈暗橙色阴极光；（c）泥晶包壳原位探针位置；（d）原位探针分析结果（—：代表元素含量低，检测不出）；QHD36-3-2 井，3763.69m

为了进一步证实泥晶包壳的圈层结构特征，对泥晶包壳进行了线性扫描。在约 10μm 的泥晶包壳长度上进行了 250 个点的测试，近似获取了一条泥晶包壳元素变化曲线 [图 6-9（a）、（c）]。从阴极发光和线扫结果 [图 6-9（b）、（c）] 可以观察到泥晶包壳具有圈层结

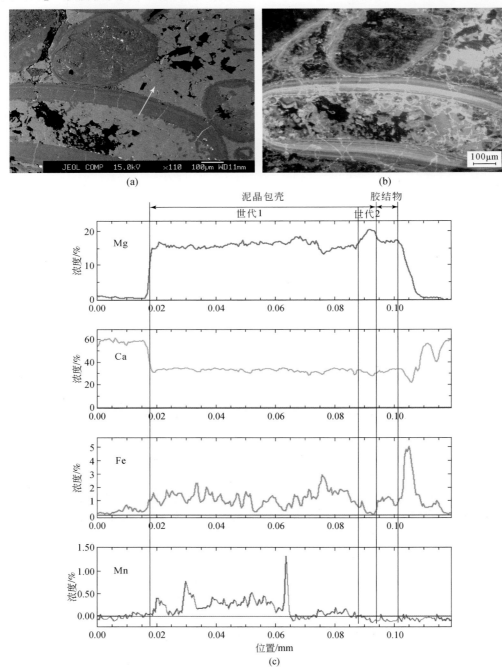

图 6-9　泥晶包壳电子探针线性扫描

（a）选取电子探针线性扫描分析位置，箭头代表扫描方向，背散色电子像；（b）泥晶包壳呈暗橙色阴极光；

（c）泥晶包壳不同元素线性扫描结果；QHD36-3-2 井，3780.17m

构，其中至少存在 Mg 离子含量差异较大的两个世代的圈层。Mg 元素含量低的世代圈层对应较高的 Fe、Mn 含量［图 6-9（c），世代 1］；反之 Mg 元素含量较高的圈层中 Fe、Mn 元素含量则相对较低［图 6-9（c），世代 2］。

通过上述电子探针数据分析，进一步将相对较低 Mg 元素和高 Mg 元素的圈层探针数据相对比，世代 1（低 Mg 元素）圈层镁钙摩尔比［$n(\mathrm{Mg})/n(\mathrm{Ca})$］平均值为 0.760，世代 2（高 Mg 元素）圈层 $n(\mathrm{Mg})/n(\mathrm{Ca})$ 平均值为 0.853，前者表现出更为明显的低镁特征。在元素交会图上，世代 1 圈层 Na 元素含量两者差别不大，集中在 0.1%～0.2%。世代 2 圈层的 Na 元素平均值稍高［图 6-10（a）］。除此之外，Fe、Mn 和 Al 元素差异明显，世代 1 圈层均表现为较世代 2 圈层高值的特点［图 6-10（b）～（d）］。其中，世代 1 圈层 Fe 元素平均含量 1.59%，Mn 元素平均含量 0.30%，Al 元素平均含量 0.21%；世代 2 圈层 Fe、Mn 及 Al 元素含量分别为 0.43%，0.06% 及 0.08%。

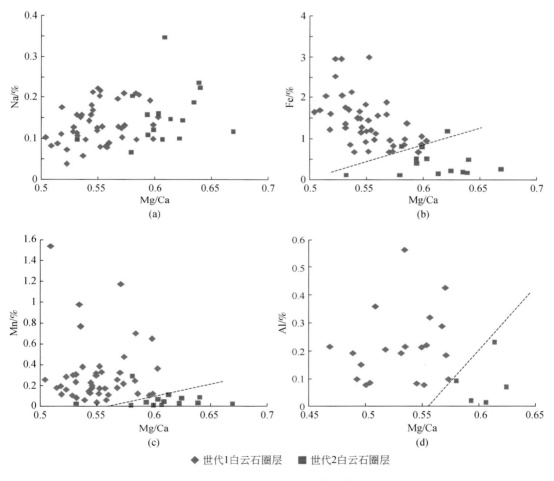

● 世代1白云石圈层　■ 世代2白云石圈层

图 6-10　泥晶包壳主要元素交会图

（a）Na 元素与 Mg-Ca 元素比交会；（b）Fe 元素与 Mg-Ca 元素比交会；（c）Mn 元素与 Mg-Ca 元素比交会；
（d）Al 元素与 Mg-Ca 元素比交会

B. 碳-氧同位素

含泥晶包壳的样品同位素测试结果表明（图 6-11），$\delta^{13}C$ 一般集中在 1‰~2‰，QHD36-3-2 井样品 ^{13}C 含量相对较高，$\delta^{13}C$ 达 4‰~7‰。相比碳同位素，样品氧同位素的值相对较为离散，整体范围为−11‰~−1‰，单井氧同位素变化范围为 QHD29-2E-5 井 $\delta^{18}O$ =−7.78‰~−1.34‰，QHD36-3-2 井 $\delta^{18}O$ =−6.1‰~2.78‰，BZ29-4-5 井 $\delta^{18}O$ =−10.87‰~−9.16‰。

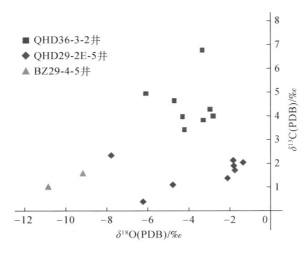

图 6-11　泥晶包壳同位素特征

C. 成因机理分析

泥晶化作用被认为与微生物活动有关（Adachi and Ezaki, 2007；Bathurst, 2007；Woods, 2013）。通过详细的扫描电镜观察可知，泥晶包壳由结晶较好的白云石组成，尚未在泥晶包壳内找到大量早期微生物的活动迹象（图 6-12）。但考虑到后期成岩改造的影响，推测早期形成的生物结构已经被破坏，难以找到。

图 6-12　泥晶包壳扫描电镜特征

（a）大量硅藻呈六方体附着（Di，白色箭头），QHD36-3-2 井，3777.5m；
（b）单个细菌颗粒（Bt，白色箭头），QHD36-3-2 井，3762.07m

岩相学研究表明泥晶包壳矿物组分为白云石，圈层结构呈多期次纹层结构，在阴极发光下呈明亮-暗淡纹层相间的特征，这表明可能存在不同性质流体的叠合，沉淀了不同期次的白云石，并最终构成泥晶包壳多圈层的特殊结构。

从电子探针结果看，与理想白云石化学计量值（MgO 为 21.7%，CaO 为 30.4%）相比，不同世代的泥晶包壳层镁钙摩尔比均低于 1，表明成岩流体具有低 Mg 高 Ca 特征。这与同生期快速交代形成的白云石特征类似，推测白云石圈层产生与蒸发成因有关。不同世代圈层 Na 含量大致一致，低 Mg 世代圈层平均值稍低于高 Mg 世代圈层。然而，低 Mg 世代圈层中 Fe、Mn、Al、Si 含量明显高于高 Mg 世代圈层。更低的 Mg 元素主要与大气淡水淋滤导致 Mg^{2+} 供应不足有关。同时大气淡水中含有更高的 Fe、Mn 含量，若此时流体中混入大气淡水成分，则会造成白云石形成过程中 Fe、Mn 含量明显增加。大气淡水的渗透也会加速陆源碎屑物质输入的增加。因此低 Mg 世代圈层白云石组分中可能有更高含量的 Al、Si 等元素。虽然受到了大气淡水的影响，导致这一世代白云石中 Na 含量偏低，但依然高于早期淡水成因胶结物（下文将详细阐述），因此形成低镁白云石圈层的流体依然属于相对咸化的湖水。

碳、氧同位素表现出相对集中的碳同位素及离散氧同位素的特征。湖水的碳同位素集中于 −2‰～2‰，大部分的泥晶包壳样品均落在此区间或高于 2‰，表明形成包壳的湖水盐度较高、蒸发量较大。但同时离散的氧同位素表明存在大气淡水的淋滤作用，导致部分样品氧同位素值负偏。

综合上述分析认为，泥晶包壳早先可能受到生物作用的影响。地球化学证据指示了泥晶包壳形成之后同生期流体的变化过程：早期蒸发白云石化，并同时叠合大气淡水影响。渤海湾盆地经历了沙三段快速沉降之后，在沙一、二段早期整体进入缓慢沉降阶段，湖盆水深变得很浅。湖平面的升降导致沉积物间歇性暴露于地表。降水不充足时高盐度湖水发生了浓缩白云石化作用，形成 Mg 离子含量较高，Fe、Mn、Al 离子含量相对较低的白云石圈层［图 6-13（a）］；反之，当受到大气淡水注入影响时，流体介质中开始富含 Fe、Mn、Al、Si 等元素，从而形成第二类包壳层［图 6-13（b）］。如此重复此过程，直到颗粒重量加大降落至湖底，最终被埋藏。

2. 胶结作用

结合镜下观察，混合沉积储层经历了多期次的碳酸盐岩胶结作用，矿物成分为白云石和方解石，包括五个类型的胶结作用：纤维状环边白云石胶结、栉壳状白云石胶结、晶粒状白云石胶结、粗粒柱状白云石胶结和嵌晶状方解石胶结。

1）胶结类型及岩石学特征

纤维状环边胶结物是围绕矿物颗粒表面生长的胶结类型，在研究区较为常见，被胶结的矿物类型既有岩屑颗粒［图 6-14（a）］，也有生物碎屑颗粒［图 6-14（b）］。胶结物大致呈纤维状或放射状结构，厚度大致一致［图 6-14（c）］。阴极发光特征表现为无阴极光特征［图 6-14（d）］。

栉壳状胶结表现为两种形式：一种垂直于被胶结颗粒向孔隙内生长［图 6-15（a）］；另一种胶结于孔隙中，主要生长在生物体腔孔中［图 6-15（b）］。胶结物呈犬牙状或齿轮状，呈大致等厚状环绕被胶结物生长［图版 V（g）］。在阴极光照射下呈亮橙色阴极光特征［图 6-15（c）、（d）］。

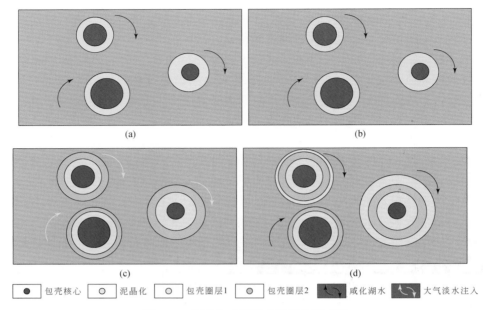

图 6-13　泥晶包壳沉积改造演化模式图

（a）生物作用导致泥晶化作用；（b）咸化湖水快速白云石化形成泥晶包壳（圈层 1）；（c）大气淡水混入改变了湖水的地球化学性质，形成第二类包壳（圈层类型 2）；（d）重复前述的沉积过程，最终形成泥晶包壳

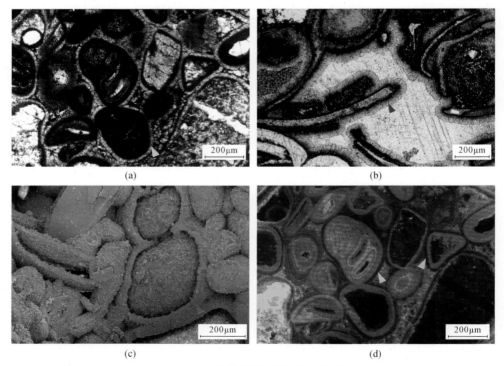

图 6-14　纤维状等厚环边胶结特征

（a）岩屑颗粒表面等厚环边胶结物（黄色箭头），QHD36-3-2 井，3777.50m，透射光；（b）生物碎屑颗粒表面等厚环边胶结物（粉色箭头），CFD2-1-2 井，3431.25m，单偏光，蓝色铸模；（c）扫描电镜下胶结物呈等厚状环绕生物碎屑颗粒（绿色箭头），QHD36-3-2 井，3779.58m；（d）等厚环边胶结物表现为不发光的阴极光特征，QHD36-3-2 井，3777.50m

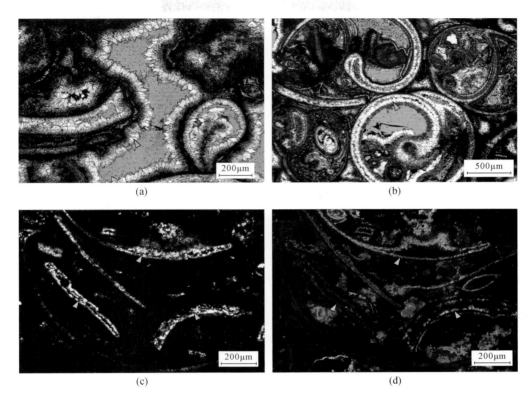

图 6-15　栉壳状胶结特征

（a）栉壳状白云石垂直生物碎屑颗粒生长（粉色箭头），CFD2-1-2 井，3426.30m，单偏光，蓝色铸模；（b）栉壳状白云石在生物体腔孔内生长（粉色箭头），CFD2-1-2 井，3426.30m，单偏光，蓝色铸模；（c）正交光下栉壳状白云石充填生物碎屑颗粒（黄色箭头），BZ13-1-2 井，4096m；（d）栉壳状充填物阴极光下呈亮黄色光特征（黄色箭头），BZ13-1-2 井，4096m

　　粗粒柱状白云石胶结物呈中—粗粒柱状，环带近等厚状分布，具多期次胶结特征，厚度可达 50～100μm［图 6-16（a）］。胶结物偶见"雾心亮边"结构［图 6-16（b）］。阴极发光特征表明这类胶结物具有明显的环带结构，由内向外表现为亮层-暗层相间的阴极光变化［图 6-16（c）、（d）］。

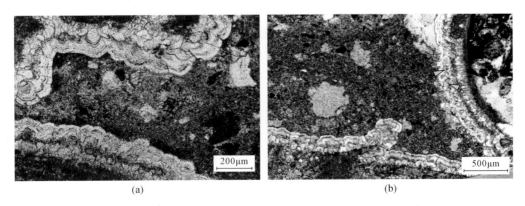

(a)　　　　　　　　　　　　　　　　(b)

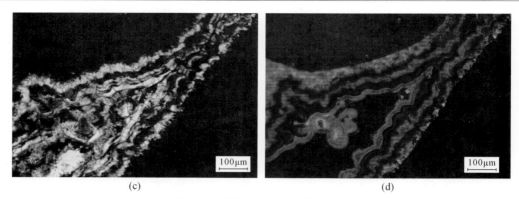

图 6-16　粗粒柱状白云石胶结特征

（a）粗粒白云石胶结物垂直颗粒生长，具多层结构，QHD29-2E-5 井，3385.17m，单偏光；（b）胶结物具"雾心亮边"结构（黄色箭头），QHD29-2E-5 井，3385.17m，单偏光，蓝色铸模；（c）柱状胶结物环带结构，QHD29-2E-5 井，3385.17m，透射光；（d）柱状胶结物阴极光照射下呈明–暗环带结构，QHD29-2E-5 井，3385.17m

　　晶粒状白云石胶结以颗粒状分布于孔隙中。茜素红试剂未能将这类胶结物染色，证实颗粒的成分均为白云石。晶粒根据粒度的大小分为粉—细晶颗粒胶结和粗晶颗粒胶结两类。粉晶或微晶粒状颗粒白云石胶结物呈自形—半他形 [图 6-17（a）]，阴极射线照射下发亮橙色光 [图 6-17（b）]。粗晶颗粒胶结呈较好的自形度 [图 6-17（c）]，阴极发光性弱，颗粒大部分表现为暗褐色阴极光特征 [图 6-17（d）]。

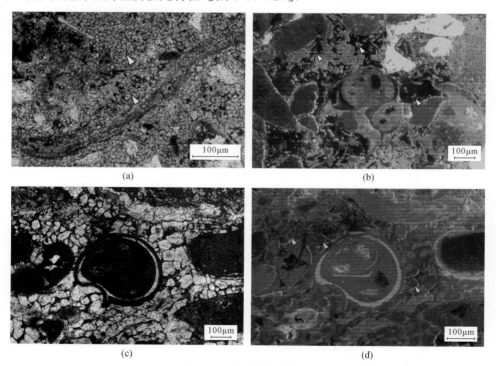

图 6-17　晶粒状胶结特征

（a）微晶白云石胶结物分布于孔隙中（黄色箭头），BZ27-2-2 井，3788.01m，单偏光，蓝色铸模；（b）微晶白云石阴极光照射下呈亮橙色，BZ29-4-5 井，2353.10m；（c）粗晶白云石胶结物分布于颗粒之间的原生孔隙，QHD36-3-2 井，3780.17m，透射光；（d）粗晶白云石胶结物呈暗褐色的弱阴极光特征（紫色箭头），QHD36-3-2 井，3780.17m

嵌晶状方解石胶结物产出有两种产状：一种产状呈连晶状，颗粒"漂浮"于连片胶结物之上［图 6-18（a）、图版 V（f）］，方解石胶结物具有两组解理特征，孔隙式胶结方式完全充填颗粒之间的孔隙［图 6-18（b）］，阴极发光下这类产状的胶结物发暗橙色光［图 6-18（c）］；另一种产状的方解石胶结物以粗晶的形态生长于生物碎屑体腔孔、原生孔隙或裂缝中［图 6-18（d）、图版 V（h）］，晶面较干净，且晶体边界平直且较为清晰，这类产状的胶结在阴极光照射下表现为不发阴极光［图 6-18（e）、（f）］。

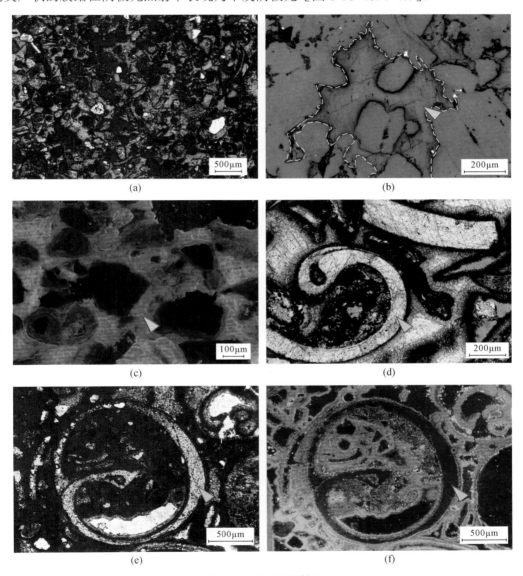

图 6-18　嵌晶胶结特征

（a）嵌晶胶结物，茜素红染色呈红色，QHD29-2E-5 井，3341.70m，单偏光，蓝色铸模；（b）碎屑颗粒"悬浮"于嵌晶方解石胶结物之上（白色虚线范围内，黄色箭头指示），胶结物具有两组解理特征，BZ34-2-2D 井，3593.30m，反光镜；（c）嵌晶方解石胶结物阴极光特征表现为亮橙色，QHD29-2E-5 井，3341.70m；（d）嵌晶状方解石生长于生物碎屑体腔孔中（绿色箭头），CFD2-1-2 井，3431.25m，单偏光，蓝色铸模；（e）透射光下嵌晶方解石生长于生物碎屑体腔孔中（绿色箭头），QHD29-2E-5 井，3380.85m；（f）嵌晶状方解石在阴极光照射下不发阴极光，QHD29-2E-5 井，3380.85m

2）地球化学特征

利用微区电子探针测试获取相关胶结物类型的地球化学信息，结果见表 6-2。其中，受限于粒度大小和样品，未获取到纤维状环边白云石胶结、栉壳状白云石胶结、微晶状白云石胶结、粗粒柱状白云石胶结数据；粗晶状的白云石胶结物获得 2 个点位的数据；嵌晶胶结物获得 19 个点位数据，并按照生长的不同部位将其分为孔隙间、裂缝和生物壳体三类嵌晶胶结物。

表 6-2　胶结物电子探针数据

井号	深度/m	样品编号	样品信息	氧化物分析结果/%										合计/%
				Na₂O	K₂O	FeO	MgO	CaO	MnO	Al₂O₃	TiO₂	SiO₂	CO₂	
BZ29-4-5	2353.07	S2-5	孔隙间嵌晶胶结物	—	—	0.008	0.374	54.673	0.209	0.028	—	—	44.180	99.472
		S2-4	孔隙间嵌晶胶结物	0.017	0.008	—	0.431	56.137	0.205	0.024			43.833	100.655
		S2-3	孔隙间嵌晶胶结物	—	—	0.016	0.322	55.254	0.263	—			44.030	99.825
		S2-2	孔隙间嵌晶胶结物	0.023		0.012	0.468	56.529	0.220				43.734	100.986
		S2-1	孔隙间嵌晶胶结物	0.027	0.019	0.010	0.413	56.911	0.194	0.010			43.654	101.238
CFD2-1-2	3429.5	S4-1	孔隙间嵌晶胶结物	0.017	0.023	0.039	0.026	55.663	0.052				43.987	100.043
		S4-2	孔隙间嵌晶胶结物		0.003	0.002	0.325	55.583	0.009				44.035	99.957
		S4-3	孔隙间嵌晶胶结物		0.004	0.041	0.287	54.041	—				44.391	98.764
		S4-4	孔隙间嵌晶胶结物				0.207	55.615	0.019	0.023			44.037	99.901
		S4-5	孔隙间嵌晶胶结物				0.175	57.493	0.028				43.612	101.308
BZ34-2-2D	3593.3	S1-3	孔隙间嵌晶胶结物	0.030	0.021	0.910	0.206	52.015	0.591	0.009			44.412	98.194
		S1-4	孔隙间嵌晶胶结物			1.144	0.246	53.282	0.842	0.025			43.975	99.514
		S1-5	孔隙间嵌晶胶结物	0.013	0.014	0.816	0.203	51.682	0.544	0.005			44.545	97.822
		S1-6	孔隙间嵌晶胶结物	0.027	—	0.906	0.245	54.401	0.517	0.017			43.881	99.994
		S1-1	孔隙间嵌晶胶结物		0.006	1.140	0.222	53.298	0.939	0.024			43.943	99.572
		S1-2	孔隙间嵌晶胶结物	0.027	0.093	1.308	0.228	51.554	0.330	0.023			44.442	98.005
CFD2-1-2	3441.9	S4-6	裂缝内嵌晶胶结物	0.023	—	0.223	0.143	56.279	0.056	0.004			43.807	100.535
BZ29-4-5	2352.55	S2-6	生物壳体内嵌晶胶结物	0.094		1.630	6.767	44.137	0.113				45.524	98.265
	2354.05	S2-7	生物壳体内嵌晶胶结物	0.104	0.028	0.979	3.772	50.544	0.139	0.016	0.001	0.050	44.486	100.119
QHD36-3-2	3780.17	S3-1	粗晶白云石胶结物	—	0.012	0.359	0.286	53.539	0.036				44.397	98.629
		S3-2	粗晶白云石胶结物	0.012	—	0.405	1.018	53.148	0.048				44.397	99.028

数据表明，孔隙间嵌晶胶结物表现出两种不同的地球化学特征：第一类表现出相对较低的 Na、K、Fe、Mg、Mn 值，代表性样品来源于 BZ29-4-5 和 CFD2-1-2 井。其中，BZ29-4-5 井 Na、K、Fe、Mg、Mn 元素含量平均值分别为 0.022%、0.014%、0.013%、0.409% 和 0.221%；CFD2-1-2 井上述元素含量平均值分别为 0.017%、0.010%、0.027%、0.204% 和 0.027%。反

之，BZ34-2-2D 井孔隙间嵌晶胶结物样品在 Fe 和 Mn 元素上表现出较大的差异性：Fe 元素平均值为 1.037%；Mn 元素平均值为 0.627%。裂缝内嵌晶胶结物地球化学特征同样表现为相对较低的 Na、Fe、Mg、Mn 值，各元素平均值分别为 0.023%、0.223%、0.228% 和 0.056%；反之在生物壳体内充填的嵌晶胶结物表现为高 Na、Fe、Mg 值特点，上述元素明显高于其他部位嵌晶胶结物数值，其平均值分别为 0.099%、1.305% 和 5.270%。粗晶状的白云石胶结物获得数据表现为较低的 Na 和 K 值，Fe、Mg、Mn 元素平均值分别为 0.382%、0.652% 和 0.042%。

3）不同胶结物类型成因分析

纤维状等厚环边胶结物是典型的海（湖）底环境成岩产物（Foland et al.，1989）。这些胶结物成岩环境处于氧化环境，铁、锰元素呈高价态，难以进入矿物晶格中，因此此类胶结物无阴极光性。

栉壳状白云石胶结物具有亮阴极光特征，锥状或犬牙状的形态通常为大气潜流带环境下的产物，是淡水逐步沉淀的结果（Saller and Moore，1989）。

粗粒柱状胶结物与大气淡水成岩环境有关，是淡水成因胶结物。其岩石证据表明：①胶结物纹层结构清晰，且厚度较为稳定，表明其生长环境稳定；②胶结物"雾心亮边"结构是典型的大气淡水环境产物（Moore and Wade，2013）；③阴极光表现为典型的环带结构，也表现出相对稳定的成岩环境特点，是大气淡水阶段的产物。地球化学方面证据表明，该类胶结物很少含有包裹体，仅发现极少单一液相盐水包裹体，均一温度通常低于 50℃，指示了一种近地表条件。

晶粒状白云石胶结物表现出不同的特征：粉晶或微晶粒状颗粒白云石为大气潜流带产物，是淡水沉淀产物。证据包括：①颗粒粒度较小，表明颗粒形成时期相对较早，晶体并未完全生长，相比而言，埋藏期形成的颗粒通常较粗；②较亮的阴极光特征，它们与栉壳状胶结物具有相似的阴极光特征，其成因为在大气渗流带弱还原环境下锰元素呈还原态，易进入矿物晶格中导致阴极光发亮光。

粗晶胶结物具有弱阴极光或无阴极光，是埋藏期产物。这通常是由于 Fe、Mn 元素在埋藏期呈还原态，易进入矿物晶格内。Fe 元素作为较好的猝灭剂，导致埋藏期产物阴极光减弱（郑荣才等，2010）。结合地球化学指标分析，Na 和 K 元素含量低，符合埋藏成岩环境特点。埋藏成岩环境下黏土矿物转化作用提供的 Fe^{2+}、Mg^{2+} 导致 Fe 和 Mg 元素含量相对较高。Mn 元素相对而言并不是很高，可能是由于埋藏深度尚浅，Mn 离子大多还处于氧化态而未进入矿物晶格。

嵌晶胶结物形成于两个阶段：早成岩阶段和埋藏成岩阶段（Rossi et al.，2001；韩元佳等，2012）。早成岩阶段嵌晶胶结物主要以孔隙式胶结形式产出于孔隙中，阴极光发光性强，通常为亮橙光 [图 6-18（c）]。结合地球化学特征推断，普遍较低的 Na、K、Fe、Mn 和 Mg 元素表明成岩环境为开放体系，并且有可能受到了大气淡水的影响。晚成岩作用形成的嵌晶胶结物产状包括以孔隙式胶结的方式形成于颗粒之间和以充填物的形式沉淀于生物壳体内。阴极光特征表现为弱或无阴极光的特点。孔隙式胶结的嵌晶胶结物地球化学特征表明，Fe、Mn 元素含量表现出异常高值，是典型的埋藏作用产物。生物壳体内胶结物具有很高的 Fe、Mg 值，表明成岩环境为相对还原的埋藏环境。除此之外，胶结物 Na 元素含量较高，由此推测参与充填物形成的流体可能与地层中高盐度的卤水有关。

综合微观结构观察和地化测试分析，不同胶结物类型形成于不同的成岩时期。同生期可能形成了等厚环边纤维状胶结；与大气淡水渗流相关的胶结物包括栉壳状、微晶-细晶粒状、粗粒柱状及嵌晶胶结物等；埋藏期可能形成了粗晶粒状和嵌晶状方解石胶结。上述胶结物特征及胶结作用的成因机理见表 6-3。

表 6-3　混合沉积储层胶结物特征及胶结作用机理分析

胶结物类型	岩相学观察	地球化学特征	成因解释
等厚环边胶结	无阴极光	—	同生期胶结作用
栉壳状胶结	亮黄色阴极光	—	大气渗流成因
柱状胶结物	多期环带状；"雾心亮边"结构	少量单一相包裹体	大气渗流成因
微晶-细晶粒状胶结	亮黄色阴极光	—	大气渗流成因
粗晶粒状胶结	无或弱阴极光	低 Na/K；高 Fe/Mg/Mn	埋藏成因
嵌晶胶结	亮黄色阴极光	低 Na/K/Fe/Mg/Mn	大气渗流成因
	无阴极光	低 Na/K；高 Fe/Mg/Mn	埋藏成因

3. 白云石化作用

1）岩石学特征

白云石化作用是研究区主要的成岩作用之一。通过岩相学观察认为，研究区白云石化根据被云化结构不同可分为颗粒和填隙物两类白云石化。

颗粒白云石化包括基质和碎屑颗粒白云石化。基质白云石化指在泥晶级别的碳酸盐颗粒被白云石化 [图 6-19（a）]。被白云石化的颗粒晶体大小为 $10\sim20\mu m$，微晶状结构，无明显的重结晶特征。在阴极光射线下表现为较弱的暗橙色光 [图 6-19（b）]。碎屑颗粒白云石化表现为白云石交代了颗粒的原生成分。这些碳酸盐颗粒包括鲕粒、生物碎屑等。整体的结构特征依然可较为清晰地识别，表明白云石化作用对原生的沉积结构没有较为明显的破坏性 [图 6-19（c）、（d）]。经过比较，颗粒在阴极光下显示暗红色阴极光特征 [图 6-19（e）、（f）]。

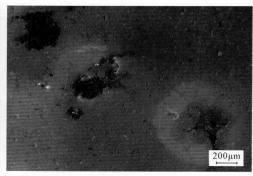

(a)　　　　　　　　　　　　　　　　　　　(b)

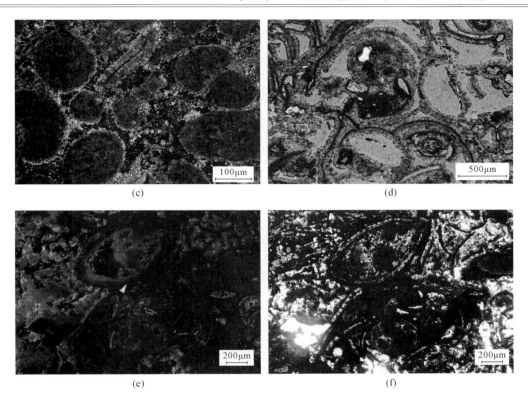

图 6-19　混积岩储层颗粒白云岩类型及特征

（a）泥晶云岩，CFD2-1-2 井，3424.87m，单偏光；（b）阴极光照射下泥晶白云石呈暗橙色，CFD2-1-2 井，3424.87m；（c）鲕粒核心被白云石化，BZ36-2-W 井，2384.52m；（d）生物碎屑颗粒被白云石化，BZ13-1-2 井，4095.76m；（e）白云石化生物碎屑颗粒在阴极光下呈暗红色，CFD2-A-B 井，3424.87m；（f）透射光白云石化生物碎屑颗粒，CFD2-1-2 井，3424.87m

　　填隙物白云石化指早期胶结物和充填物沉淀形成之后被白云石交代。填隙物保留了原先的形态，主要晶体形态包括厚环边状、栉壳状、微晶粒状白云石颗粒填隙物。

2）地球化学特征

A. 电子探针

　　生物壳和胶结物共获得微区电子探针点位 28 个，数据列于表 6-4 中。与白云石化作用成因密切相关的元素通常包括 Na、Fe、Mn、Mg 等，因此重点对上述元素数据进行分析。

　　Na 元素是典型的流体盐度指示指标。白云石化生物壳 Na 元素为 0.031%～0.296%，平均值为 0.160%；白云石胶结物 Na 元素含量为 0.037%～0.180%，平均值为 0.100%。

　　Fe、Mn 元素可以反映白云石化过程中氧化还原环境变化。生物壳体 Fe 元素含量为 0.006%～0.398%，平均值为 0.128%；胶结物 Fe 元素含量为 0.055%～1.384%，平均值为 0.447%；生物壳体 Mn 元素范围为 0.017%～0.142%，平均值为 0.059%；等厚环边胶结物 Mn 含量范围 0.034%～0.288%，所测得含量平均值为 0.176%。

　　Mg 元素是白云石化作用流体性质的重要指标。生物壳体中 Mg 元素含量为 19.676%～20.933%，平均值为 20.441%；反之等厚环边胶结物 Mg 元素含量范围为 18.819%～19.714%，平均值为 19.220%。Mg 与 Ca 的摩尔比 $n(\mathrm{Mg})/n(\mathrm{Ca})$ 结果则是对不同白云石结构特征的有效表现，其结果与不同成岩环境有关。生物壳体白云石 $n(\mathrm{Mg})/n(\mathrm{Ca})$ 为 0.96～1.05，平均值为 0.99；反之等厚状环边胶结物 $n(Mg)/n(Ca)$ 范围为 $0.82 \sim 0.96$，平均值为 0.88。

表 6-4　白云石化样品电子探针数据

井号	深度/m	样品编号	样品信息	氧化物分析结果/%												$n(Mg)/n(Ca)$
				Na$_2$O	K$_2$O	FeO	MgO	CaO	MnO	Al$_2$O$_3$	TiO$_2$	SiO$_2$	SrO	CO$_2$	合计/%	
BZ 13-1-2	4096.38	D-1-1	生物碎屑颗粒	0.144	—	0.221	20.839	27.884	0.114	—			—	48.408	97.61	1.05
		D-1-2	生物碎屑颗粒	0.233	—	0.398	19.885	28.563	0.142	0.007			0.069	48.231	97.528	0.97
CFD 2-1-2	3429.5	D-2-1	生物碎屑颗粒	0.061	0.003	0.168	20.325	28.443	0.037	0.003				48.399	97.439	1.00
		D-2-2	生物碎屑颗粒	0.232	0.01	0.063	20.67	29.516	0.03	0.001				48.034	98.556	0.98
		D-2-3	生物碎屑颗粒	0.223		0.024	20.343	29.518	0.077					48.085	98.27	0.96
		D-2-4	生物碎屑颗粒	0.092	0.011	0.084	20.421	28.778	0.026				0.743	47.994	98.149	0.99
		D-2-5	生物碎屑颗粒	0.296	0.005	0.031	20.933	29.598	0.075	0.015				47.951	98.904	0.99
		D-2-6	生物碎屑颗粒	0.031	0.014	0.19	19.676	29.798	0.024	0.007			0.101	48.077	97.918	0.92
		D-2-7	生物碎屑颗粒	0.211		0.006	20.541	29.195	0.017	0.017				48.175	98.162	0.99
		D-2-8	生物碎屑颗粒	0.073	0.001	0.098	20.782	29.097	0.043				0.154	48.103	98.351	1.00
QHD 36-3-2	3763.69	D-3-1	等厚环边胶结物	0.162		0.476	18.819	31.269	0.029	0.052	0.021	0.09	—	47.702	98.62	0.84
		D-3-2	等厚环边胶结物	0.106	0.007	0.055	19.116	32.609	0.010	—	0.029	0.003		47.465	99.4	0.82
	3770.68	D-4-1	等厚环边胶结物	0.131		0.351	19.044	31.218	0.060					47.73	98.534	0.85
		D-4-2	等厚环边胶结物	0.117	0.01	0.23	19.014	31.73	0.034					47.646	98.781	0.84
		D-4-3	等厚环边胶结物	0.111		0.288	19.714	30.898	0.059					47.749	98.819	0.89
		D-4-4	等厚环边胶结物	0.122	0.012	0.139	19.387	31.900						47.588	99.148	0.85
		D-4-5	等厚环边胶结物	0.100	—	0.261	19.19	31.691	0.154					47.59	98.986	0.85
		D-4-6	等厚环边胶结物	0.047		0.149	19.267	31.572	0.054					47.699	98.788	0.85
		D-4-7	等厚环边胶结物	0.180	0.006	0.082	19.244	31.576						47.7	98.788	0.85
	3777.5	D-5-1	等厚环边胶结物	0.108	0.019	0.388	18.947	31.877						47.573	98.912	0.83
		D-5-2	等厚环边胶结物	0.121	0.023	0.19	19.705	30.929						47.783	98.751	0.89
		D-5-3	等厚环边胶结物	0.112	—	0.253	19.079	31.358						47.747	98.549	0.85
BZ 13-1-2	4096.38	D-6-1	栉壳状胶结物	0.037	0.002	1.384	19.479	28.401	0.519	0.005				47.932	97.759	0.96
	4096.58	D-7-1	栉壳状胶结物	0.047	—	1.203	18.93	29.061	0.288	0.023			0.016	47.982	97.55	0.91
		D-7-2	栉壳状胶结物	0.071	0.008	0.854	19.455	28.8	0.255	0.013				48.117	97.543	0.95
		D-7-3	栉壳状胶结物	0.115	0.025	0.766	19.015	28.792	0.191					48.208	97.112	0.92
CFD 2-1-2	3426.3	D-8-1	栉壳状胶结物	0.071	0.001	0.361	19.381	28.838	0.232	0.020				48.284	97.188	0.94
		D-8-2	栉壳状胶结物	0.037	0.006	0.624	19.182	28.671	0.400	0.010				48.225	97.155	0.94

B. 锶元素

本次研究分别选取了含砂屑生物碎屑云岩、泥晶云岩、方解石脉及结晶灰岩等不同类型样品进行了 Sr 元素含量测试。结果表明（表 6-5），含砂屑生物碎屑云岩 Sr 值普遍较高，平均值为 1442μg/g；泥晶云岩仅有一个样品，但测试值也接近于含砂屑生物碎屑白云岩，为 1337μg/g。方解石脉和结晶灰岩作为对比，测试值显示较低。方解石脉 Sr 元素平均值为 553μg/g，仅有的结晶灰岩样品测试值为 737μg/g。

表 6-5　白云石化混积岩及方解石样品锶元素值数据

取样井	深度/m	样品编号	岩性	Sr/（μg/g）
CFD2-1-2	3420.75	S1	砂质生屑云岩	1560
	3424.87	S2	方解石脉	469
	3425.8	S3	砂质生屑云岩	1665
	3429.5	S4	方解石脉	888
	3434.2	S5	结晶灰岩	737
	3439.35	S6	方解石脉	302
	3444.05	S7	泥晶云岩	1337
BZ13-1-2	4095.05	S9	砂质生屑云岩	1151
	4095.96	S10	砂质生屑云岩	1203
	4096.9	S11	砂质生屑云岩	1646
	4097.02	S12	砂质生屑云岩	1134
	4096.44	S13	砂质生屑云岩	1741

C. 碳氧同位素

分别选取白云石胶结物和砂质生物碎屑云岩样品进行碳、氧同位素测试。结果表明（图 6-20），白云石胶结物（QHD29-2E-5 井样品）δ^{13}C 值范围在 -0.36‰～0.57‰，δ^{18}O 范围为 -11.85‰～-9.09‰。相比而言，多口钻井颗粒白云岩的同位素值表现为相对正偏，δ^{13}C 值范围在 2.45‰～8.54‰，δ^{18}O 范围为 -11.11‰～0.41‰。

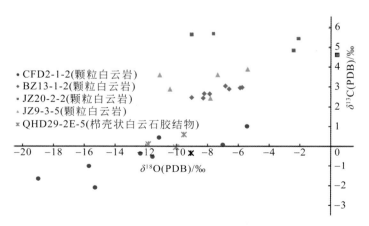

图 6-20　混积岩储层不同类型白云石样品碳氧同位素特征

D. 白云石化成因讨论

渤海湾盆地沙河街组一、二段普遍发育碳酸盐岩。这套碳酸盐岩具有普遍白云石化、储集性能较好的特点，因此沙一、二段白云岩成因的问题具有重要的科学与生产意义。综合白云石化样品岩相学与地球化学特征，颗粒白云岩与同生期形成的等厚环边胶结物特征类似，与栉壳状白云石胶结物具有较大差异（表6-6），因此将针对这两类白云石化的产物分别进行讨论。

表6-6　混积岩储层两类白云石化类型阴极发光及地球化学特征对比

白云石类型		颗粒白云岩	白云石填隙物
地球化学特征	阴极光	暗红色	亮黄色
	电子探针	较高 Na 元素；较低 Fe、Mn 元素；Mg 元素偏高；$n(Mg)/n(Ca)$接近 1	较低 Na 元素；较高 Fe、Mn 元素；Mg 元素偏低；$n(Mg)/n(Ca)$值稍低于 1
	锶元素	含量高于晚成岩期灰岩值	无测试结果
	碳氧同位素	碳同位素组成为正值（集中于 2‰～6‰ PDB），氧同位素组成为低—中负值（−11‰～0‰ PDB）	碳同位素组成为低正值（集中于 0‰ PDB 左右），氧同位素组成为高负值（−11‰～−9‰ PDB）

a. 颗粒白云岩与同生期等厚环边胶结物：蒸发湖水渗流模式

这两类白云石在阴极射线下呈暗橙色特征，元素值表现为高 Na、Mg 值，相对低 Fe、Mn 值特征。虽然 CFD2-1-2 井获取的颗粒白云岩数据中有一部分表现出明显的低 Na、Fe 及 Mn 值。结合这口井的碳氧同位素分布（图6-20）分析认为，强负偏的碳、氧同位素值表明这口井可能受到了大气淡水淋滤或者热液作用影响。但是笔者未在该井样品的白云石中找到气液两相盐水包裹体，这表明可能白云石化时期较早，尚未捕获到包裹体，因而该井不可能受埋藏成岩晚期热液影响。此外，$n(Mg)/n(Ca)$值相对较高指示了形成环境具有相对较高的盐度。因此，这些表现出异常的点位很可能受到后期大气淡水影响，但白云石化时期处于相对蒸发量较高、盐度大的环境。$n(Mg)/n(Ca)$值接近 1，与同生期高蒸发环境快速交代白云石 $n(Mg)/n(Ca)$值低于 1 的特征不符。

Sr 元素值也表明，生物碎屑颗粒及泥晶颗粒白云岩具有较高的 Sr 值，晚期充填的方解石脉和受到晚期成岩作用影响的结晶灰岩具有较低的 Sr 值。成岩过程是一个 Sr 元素散失的过程，因而，上述 Sr 元素变化值反映了颗粒白云石形成于较早的成岩环境。

此外，从碳氧同位素值分布特征看，大部分生物碎屑云岩碳同位素均处于高正值，变化范围集中在 2‰～6‰（PDB）；氧同位素处于低—中负值，上述特征指示白云石化环境处于相对高的蒸发作用环境，盐度较高，导致孔隙流体中 Mg/Ca 值较高，这也与探针数据相吻合。

上述特征表明：该期白云石化发生于蒸发作用形成的相对高盐度环境中，Mg/Ca 值排除了同生期快速白云石交代模式。因此高蒸发的湖水下渗入处于浅埋藏的地层导致白云岩形成的模式更符合观察到的特征（图6-21）：当地层进入浅埋藏阶段，上覆湖水由于蒸发作用形成水体密度较大的卤水，卤水通过地层下渗进入混积岩储层中，由于储层的孔隙结构此时相对较大，因此形成广泛的白云石交代作用，造成原始沉积的生物碎屑和早期环带胶结物发生白云石化作用。

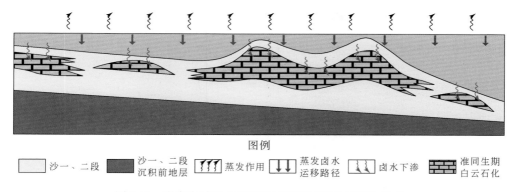

图 6-21　渤海海域混合沉积储层蒸发回流白云石化模式

b. 白云石填隙物：大气淡水参与下混合水模式

白云石填隙物普遍具有较强的阴极光特征，电子探针数据表明较高的 Fe、Mn 元素值与其阴极光特征相吻合。同时微区的元素特征也显示胶结物具有低 Na、Mg 元素值，$n(\mathrm{Mg})/n(\mathrm{Ca})$ 值相对颗粒白云岩偏低，表明淡水作用影响降低了成岩流体中的 Na、Mg 含量。碳、氧同位素值分布指示碳同位素多为低正值（集中于 0‰ PDB）而氧同位素则相比颗粒白云岩更为负偏，这表明样品可能受到了大气淡水加入的影响因而同位素负偏。

从岩相学角度看，填隙物与大气水选择性溶蚀孔隙相伴生，而充填物白云石则可见"雾心亮边"结构，说明填隙物白云石形成于大气淡水影响的成岩环境。上述地球化学指标也定量支持了白云石填隙物在白云石化过程中受到了大气淡水的影响。依据上文，生物颗粒白云岩可能在刚埋藏的准同生期完成了白云石化过程，而填隙物相对较亮的阴极光特征表明其白云石化时处于埋藏阶段，而不是相对近地表的成岩环境。综上所述，填隙物发生白云石化时处于类似碳酸盐岩体系中的大气渗流–潜流带阶段。大气淡水渗入和咸化湖水通过储层孔隙进入储层，形成混合水并引起白云石化（图 6-22）。

4. 溶蚀作用

研究区溶蚀作用是储层孔隙形成的主要方式之一。依据溶蚀作用方式不同，分为颗粒选择性溶蚀及非选择性溶蚀作用。

1）溶蚀特征

选择性溶蚀孔在岩心上可易识别，并伴生有裂缝 [图 6-23（a）]。镜下可见大量生物碎屑铸模孔或体腔孔 [图 6-23（b）]，扫描电镜下亦可见生物碎屑颗粒体腔被选择性溶蚀 [图 6-23（c）]。

非选择性溶蚀特征表现为对颗粒溶蚀的非均一和随机性。主要被溶蚀的颗粒包括长石颗粒、岩屑颗粒及白云石胶结物 [图版Ⅶ（a）～（e）]。岩相学观察通常表现为长石颗粒沿着解理面发生溶蚀，镜下及扫描电镜可见残余颗粒的定向延展 [图 6-23（d）、（e）]；碳酸盐胶结物颗粒边界被不规则溶解 [图 6-23（f）]。但这类溶蚀作用对储层孔隙的贡献不大。

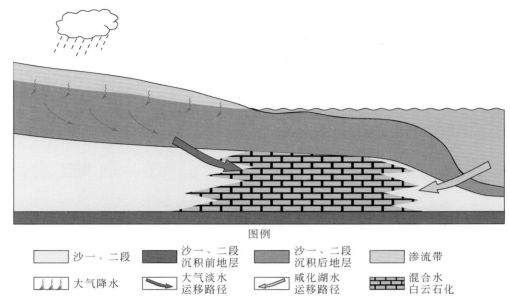

图例

	沙一、二段		沙一、二段沉积前地层		沙一、二段沉积后地层		渗流带
	大气降水		大气淡水运移路径		咸化湖水运移路径		混合水白云石化

图 6-22 渤海海域混积岩储层混合水白云石化模式

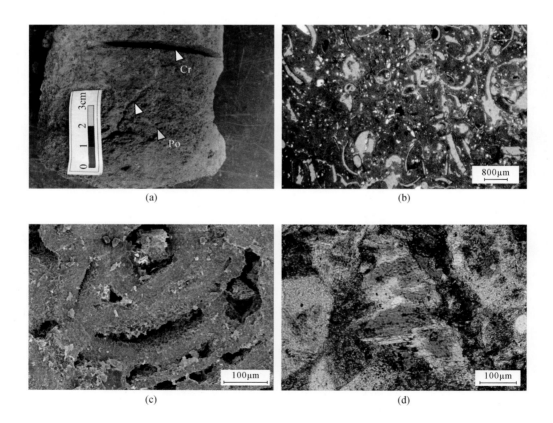

(a)　　　　　　　　　　　　　　　(b)

(c)　　　　　　　　　　　　　　　(d)

(e)　　　　　　　　　　　　　　　　　(f)

图 6-23　混积岩储层溶蚀作用类型及特征

（a）岩心识别出的选择性溶蚀孔（黄色箭头，Po）及其伴生的裂缝（白色箭头，Cr），CFD2-1-2 井，3424.87m；（b）镜下铸模孔等组构选择性溶蚀，QHD36-3-2 井，3764m，单偏光；（c）扫描电镜下见生物碎屑颗粒体腔被选择性溶蚀，QHD36-3-2 井，3775.25m；（d）长石颗粒沿着解理面被溶蚀，BZ34-2-2D 井，3271.98m；（e）扫描电镜下残余长石颗粒的定向分布，QHD29-2E-5 井，3385.17m；（f）白云石胶结物被溶蚀形成的晶间孔，红色箭头，QHD29-2E-5 井，3385.17m

2）溶蚀期次及成因机理

选择性溶蚀为暴露条件下大气淡水溶蚀成因。其表现特征包括：①溶蚀作用产生大量组构选择性溶蚀孔，是典型的准同生期混合水（湖水–大气水）淋滤标志（Longman，1980；Hollis，2011）；②溶蚀充填物地球化学指标显示明显的大气水作用结果。例如，裂缝充填方解石的碳、氧同位素均表现为高负偏（图 6-24），而这些裂缝充填物中挑选不出气液两相包裹体。综合这些地球化学特征推测，裂缝充填物为成岩作用早期大气淡水淋滤溶解并充填的结果。

渤海湾盆地沙河街组一、二段自沙三段沉积之后进入低沉降速率期，导致沙三段深湖盆沉积转变为滨–浅湖为主的古地理格局。因此沙一、二段时期湖平面的升降变化极易导致准同生期沉积物暴露于地表，受到不饱和大气水的渗透、淋滤作用，最终在混积扇三角洲、混积滩等混合沉积相中形成大量选择性的组构溶蚀孔隙（图 6-25）。

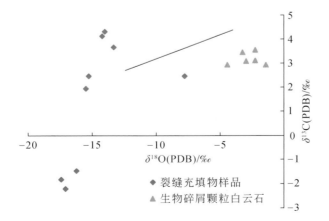

图 6-24　裂缝充填物碳氧同位素特征及与生物碎屑颗粒白云石同位素特征对比

非选择性溶蚀孔隙与成岩晚期的有机酸溶蚀作用有关。长石、岩屑及碳酸盐矿物在碱性成岩环境下处于稳定状态，反之在酸性成岩条件下易被溶解。大量研究表明，随着成岩作用的进行，当达到有机质成熟时（$R^o > 0.5$），伴随着烃类或羧酸的产生，整个成岩环境随之进入酸性介质条件而导致上述矿物的溶解（Blake and Walter，1999；袁静等，2012）。

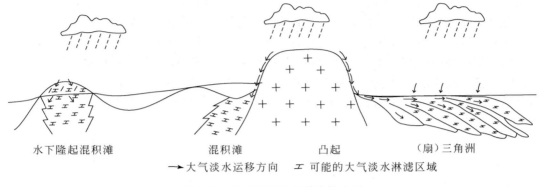

水下隆起混积滩   混积滩   凸起   （扇）三角洲

→ 大气淡水运移方向   ⊥ 可能的大气淡水淋滤区域

图 6-25   渤海海域大气淋滤模式图

5. 其他成岩作用

除了上述成岩作用，研究区储层也存在其他成岩作用，但通过薄片观察，所占比例不大。这些成岩作用包括黄铁矿交代、压实作用、石英加大及晚期碳酸盐（铁方解石）交代。

研究区多口钻井岩心镜下观察发现黄铁矿交代。黄铁矿多呈莓球状［图 6-26（a）］，颗粒大小为 10～150μm，反光镜下呈明显的金属光泽［图 6-26（b）］。通过 QHD29-2E-5 井中黄铁矿原位同位素 ^{34}S 测试分析发现（表 6-7），$\delta^{34}S_{CDT}$ 值变化范围在 -10‰～64‰。较宽广的硫同位素范围指示硫元素可能来源于沉积物中的硫酸盐（Warren，2016）。因此，综合上述岩石学和地球化学特征认为，黄铁矿形成于早成岩同生期阶段，随着沉积物被埋藏进入浅层硫酸盐还原带，硫酸盐还原菌还原沉积物中硫酸盐产生大量 H_2S，并与处于还原态的 Fe^{2+} 反应生成黄铁矿。

研究层位平均埋深在 2500m 以上，因此沉积物必然受到来自上覆地层的压实作用。然而在研究区，压实作用表现具有较大差异。一部分样品压实作用明显，镜下特征表现为颗粒之间间距变小，原生孔隙度降低，颗粒呈点-线接触［图 6-26（c），图版Ⅳ（a），（b）］。然而，另外一些样品表现出压实作用明显受到了抑制。其特征为原生孔隙保存好，仅发现少量的颗粒产生形变或微弱的错断而未出现大的位移［图 6-26（d）］。压实作用受到抑制的原因将在下文详述，这里只阐明，由于在薄片观察中尚未发现任何压溶现象，因此压实作用为机械成因而未进入化学压实作用阶段。

石英加大作用表现为环绕石英颗粒周围的石英胶结物生长。加大边边界平直，且多呈二次加大边产出［图 6-26（e）］。虽然前人对石英加大边成分中硅的来源存在争议（Mcbride，1989；Bjorlykke and Egeberg，1993），但是石英加大边存在于酸性介质成岩环境，因而与有机质的成熟产生烃类或羧酸有关系。因此形成的成岩阶段也至少为埋藏成岩期。

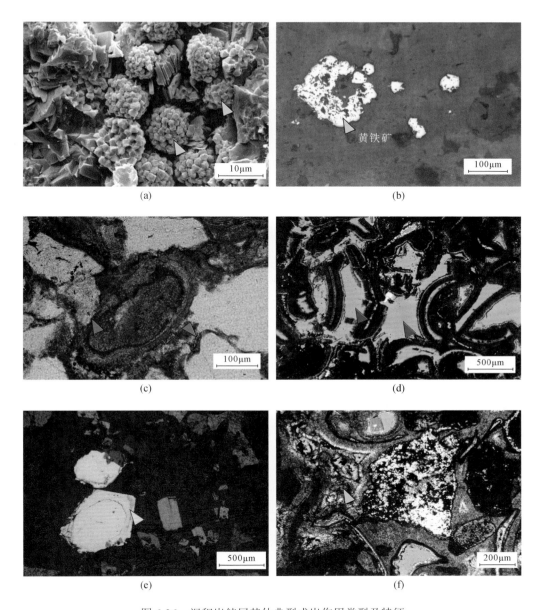

图 6-26　混积岩储层其他典型成岩作用类型及特征

（a）扫描电镜下识别出莓球状黄铁矿，黄色箭头，QHD36-3-2 井，3371.93m；（b）反光镜下黄铁矿呈金属光泽，QHD29-2E-5 井，3385.17m；（c）颗粒之间点-线接触，蓝色箭头，BZ27-2-2 井，3788.01m；（d）颗粒之间点接触-不接触，保留大量原生孔隙，CFD2-1-2 井，3429.5m，单偏光；（e）石英加大边，CFD2-1-2 井，3429.5m，正交光；（f）铁方解石交代原生矿物，绿色箭头，CFD2-1-2 井，3429.5m

　　薄片下通过茜素红染色可识别出铁方解石 ［图 6-26（f）］。铁方解石普遍交代先存的碳酸盐胶结物或生物碎屑颗粒 ［图版Ⅷ（a）～（c）］，表明其形成时期较晚。前人研究认为，随着成岩作用的进行，黏土矿物会开始发生蚀变。例如，蒙脱石和高岭石发生蚀变形成伊利石等过程会释放大量 Fe^{3+}、Mg^{2+} 和 Ca^{2+} 离子。在埋藏期相对封闭还原的条件下，Fe^{3+}

会被还原成 Fe^{2+} 形式保存。这些碱性离子的增加不仅能改变流体介质的性质，也能形成大量碳酸盐胶结物沉淀，交代先期的矿物颗粒。

表 6-7　QHD29-2E-5 井黄铁矿硫同位素（^{34}S）测试结果

深度/m	样品编号	镜下特征	$\delta^{34}S$/‰	深度/m	样品编号	镜下特征	$\delta^{34}S$/‰
3340.78	PY-1-1	交代颗粒	−2.3	3382.75	PY-5-2	交代岩屑颗粒	18.6
	PY-1-2	填隙物草莓状	0.4		PY-5-3-1	交代岩屑颗粒	23.5
	PY-1-3	交代岩屑颗粒	3.5		PY-5-3-2	交代岩屑颗粒	27.2
	PY-1-4	交代岩屑颗粒	0.8		PY-5-3-3	交代岩屑颗粒	16.8
	PY-1-5	交代岩屑颗粒	−1.4		PY-5-1	交代岩屑颗粒	21.9
	PY-1-6	交代岩屑颗粒	26.1		PY-5-2	交代岩屑颗粒	21.1
3343.63	PY-2-2	交代岩屑颗粒	−9.9		PY-5-3	交代岩屑颗粒	22.3
	PY-2-3	交代岩屑颗粒	4.2		PY-5-4	交代岩屑颗粒	31.6
3369.52	PY-3-1	充填孔隙	3.8	3384.38	PY-6-1	交代胶结物	64
	PY-3-2	充填孔隙	5.3		PY-6-2	交代胶结物	48.9
	PY-3-3	充填孔隙	3.1		PY-6-4	交代胶结物	36.8
	PY-3-4-1	充填孔隙	3.5		PY-6-5	交代胶结物	26.7
	PY-3-4-2	充填孔隙	3.3		PY-6-6	交代胶结物	48.8
	PY-3-5	充填孔隙	4.2	3385.17	PY-7-1	交代胶结物	42
3373.51	PY-4-1	交代岩屑颗粒	18.1		PY-7-2	交代胶结物	36.7
	PY-4-2	交代岩屑颗粒	18		PY-7-3	交代胶结物	33
	PY-4-3	交代岩屑颗粒	10.4		PY-7-4	交代胶结物	31.6
	PY-4-4	交代岩屑颗粒	10.5		PY-7-5	交代胶结物	43.3
	PY-4-5	交代岩屑颗粒	12.8		PY-7-6	交代胶结物	38.4
3382.75	PY-5-1	充填孔隙	8.2		PY-7-7	交代胶结物	30

6.2.2　储层成岩演化阶段

成岩期间，沉积物所处的地温场、地球应力场和地球化学场在不断地变化，相应地出现不同的成岩环境，主要表现在温度、压力、孔隙水性质和 pH 等方面。岩石在不同的成岩阶段存在特定的成岩环境条件，受其控制的沉积物质中存在着能够反映成岩环境特征的成岩组构、孔隙特征和自生矿物组合特征等，所以准确地划分混积岩储层的成岩阶段，对于分析、判断和预测不同层位储集岩石的孔隙类型和孔隙展布特征有着重要的意义。

依据前文对不同成岩作用及成因机理的分析工作，并分别参照碎屑岩与碳酸盐成岩阶段划分标志，认为渤海探区沙一、二段混积岩储层多数进入了埋藏成岩阶段，依据包括两个方面。首先，镜下观察表明储层具有多种埋藏成岩期的典型成岩标志：①埋藏期粗晶粒状胶结和嵌晶胶结；②铁方解石交代；③石英加大边；④岩屑溶蚀作用。其次，有机质成熟度地球化学测试表明储层进入了埋藏成岩期。通过镜质体反射率、孢粉颜色等不同地化参数指标判断，沙一段储层镜质组反射率集中在 0.45～0.70；而沙二段镜质组反射率集中在 0.80～1.00，T_{max} 集中在 435～445℃，孢粉颜色指数范围为 2.46～2.97，颜色以深黄—橘黄为主。若对照碎屑岩成岩阶段划分标志 [中国石油天然气行业标准碎屑岩成岩阶段划分（SY/T5477—2003）]，可判断储层为早成岩后期至中成岩 A 期阶段，因此可以认为渤海探区沙一、二段混积岩储层已经进入了埋藏成岩期（表 6-8）。

表 6-8　有机质成熟度地球化学测试分析

井位	深度/m	层位	样品类型	镜质组反射率	T_{max}/℃	孢粉颜色指数	孢粉颜色
QHD29-2E-4	3200～3220	沙一段	岩屑	0.53	434	2.57	深黄
	3240～3260	沙一段	岩屑	0.55	435	2.58	深黄—橘黄
	3280～3300	沙一段	岩屑	0.62	435	2.63	深黄—橘黄
	3320～3340	沙一段	岩屑	0.55	433	2.57	深黄
	3360～3380	沙一段	岩屑	0.61	433	2.63	深黄
	3400～3420	沙一段	岩屑	0.72	435	2.65	深黄
	3440～3460	沙二段	岩屑	0.68	436	2.65	深黄
	3480～3500	沙二段	岩屑	0.69	436	2.71	橘黄
	3520～3540	沙二段	岩屑	1.02	436	2.96	橘黄
	3540～3560	沙二段	岩屑	0.93	437	2.91	深黄—橘黄
	3560～3580	沙二段	岩屑	0.9	438	2.88	深黄—橘黄
QHD29-2E-5	3230～3240	沙一段	岩屑	0.53	436	2.53	深黄—橘黄
	3260～3270	沙一段	岩屑	0.51	444	2.57	深黄—橘黄
	3520～3530	沙二段	岩屑	0.55	443	2.72	橘黄
QHD29-2E-2	3180～3190	沙一段	岩屑	0.5	438	2.47	深黄
	3200～3210	沙一段	岩屑	0.43	437	2.46	深黄
	3230～3240	沙一段	岩屑	0.44	434	2.46	深黄
	3270～3280	沙一段	岩屑	0.43	434	2.47	深黄
	3300～3310	沙二段	岩屑	0.48	434	2.44	深黄
	3340～3350	沙二段	岩屑	0.47	435	2.47	深黄
	3370～3380	沙二段	岩屑	0.68	439	2.53	深黄
BZ27-2-2	3700～3710	沙一段	岩屑	0.72	439	2.72	浅橘黄
	3750～3760	沙一段	岩屑	0.69	445	2.83	浅橘黄
	3800～3810	沙一段	岩屑	0.68	443	2.91	浅橘黄—橘黄
	3850～3860	沙二段	岩屑	0.71	443	2.97	浅橘黄—橘黄
QHD36-3-1	3590～3600	沙一段	岩屑	0.80	434	2.71	深黄—浅橘黄
	3640～3650	沙一段	岩屑	0.86	437	2.72	浅橘黄
	3660～3670	沙二段	岩屑	0.79	436	2.71	深黄—浅橘黄
	3760～3670	沙二段	岩屑	0.81	441	2.71	深黄—浅橘黄

通过上述分析，类比碎屑岩和碳酸盐岩体系成岩阶段划分标准及储层埋深等因素，本书提出渤海探区沙一、二段混积岩储层目前处于中—深埋藏阶段，依次经历了同生期、准同生期、浅埋藏、中—深埋藏四个成岩作用阶段。

同生期与准同生期相当于碎屑岩体系中的同生成岩阶段或碳酸盐岩体系中的海（湖）底成岩阶段。这个阶段代表了沉积物处于沉积作用发生至刚刚被掩埋的阶段。其特征表现为沉积物基本处于尚未固结状态，湖水或者大气淡水可以通过地层下渗与沉积物产生作用。

浅埋藏阶段类比碎屑岩或碳酸盐岩成岩阶段中的早成岩阶段。这个阶段储层逐步脱离与上覆地层流体的作用。由于尚未达到有机质成熟阶段，因此成岩环境呈碱性介质条件，易于产生各类碳酸盐胶结或充填作用。

中—深埋藏阶段代表沉积物已经完全脱离了大气水或者湖水的影响而处于相对封闭的成岩环境阶段。

在成岩阶段划分基础上，通过不同成岩作用镜下的交切关系，结合成岩作用成因机理，进一步厘定了成岩作用的演化序列。不同成岩阶段对应的成岩演化序列、成岩产物及每个成岩阶段对应的盆地构造事件总结于图 6-27 中，以下展开详细阐述。

1. 同生成岩阶段

这一阶段主要成岩作用包括泥晶包壳的形成［图 6-27（a）］和同生大气淡水溶蚀作用［图 6-27（b）］。前文已经论述了泥晶包壳形成于同生沉积期，可能与生物作用有关。该成岩阶段湖平面频繁的变化导致沉积物间歇性暴露于地表，使得大气淡水可以对混合沉积中的碳酸盐组分发生组构性溶蚀作用。

2. 准同生成岩阶段

当储层刚埋藏进入地表以下，相对稳定的碱性成岩环境导致泥晶包壳表面形成了等厚环边碳酸盐胶结物［图 6-27（c）］。这个阶段另一种重要的成岩作用是渗透回流型白云石化。蒸发作用下形成的密度相对较大的湖水下渗进入储层中，交代之前形成的碳酸盐颗粒和胶结物，形成白云石（岩）［图 6-27（d）］。

3. 浅埋藏阶段

该阶段细分为两个小的阶段。东营组三段—二段沉积期，盆地进入相对快速的埋藏阶段。上覆地层对沙一、二段储层的压力开始增加，压实作用开始影响储层。此外，碱性成岩环境导致储层发生大量胶结作用，包括晶粒状胶结和栉壳状胶结作用等［图 6-27（e）］。东营组二段沉积以后发生了区域性的构造事件，即东营运动，导致东一段发生普遍剥蚀。地层的区域性抬升导致大气淡水下渗进入储层。大气淡水渗流作用导致胶结作用和混合水白云石化作用［图 6-27（f）］。同时在非混合水带亦可见嵌晶方解石胶结作用［图 6-27（g）］。

4. 中—深埋藏阶段

中—深埋藏阶段对应盆地的拗陷作用阶段，地层加速埋藏导致沙一、二段储层快速进入中—深埋藏期。快速的埋藏作用首先导致有机质开始成熟并产生有机酸，导致部分长石和先期形成的碳酸盐胶结物被溶蚀［图 6-27（h）］。随后，黏土矿物等发生的脱水作用导致碱性离子大量进入储层中，起到中和酸性介质作用，导致成岩阶段转变为碱性成岩环境。碱性成岩环境促使晚期碳酸盐沉淀，典型的成岩作用包括方解石嵌晶胶结原生孔或充填生物体腔孔和铁方解石交代矿物颗粒。

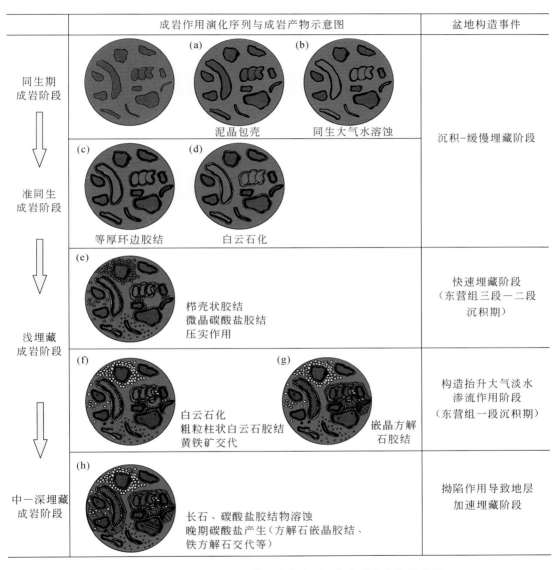

图 6-27　混积岩储层成岩作用演化序列及相应成岩产物示意图

6.3　混积岩优质储层发育的控制因素

研究区构造背景、物源、沉积体系、成岩演化规律和储层储集性能综合研究表明，优质储层发育受多种因素共同控制影响。本书从三个方面介绍混积岩优质储层发育的因素：①原生孔隙保存是优质储层形成的基础；②次生孔隙的发育是优质储层形成的关键；③热流体活动是优质储层改造的机制。

6.3.1　原生孔隙的保存是优质储层形成的基础

1. 原生孔隙的保存

当今我们所能观察到的储层原生孔隙为残余的原生孔隙，是经历了复杂的成岩作用过程保存下来的孔隙。较高的残余原生孔隙度可能取决于两个方面的贡献：①原始沉积作用导致原生孔隙度较高，后期即使孔隙遭受破坏也依然具有可观的残余孔隙度；②原生孔隙度不高，但原生孔隙在一定条件作用下得到很好的保存。上述两个方面可能共同作用，也可能仅有一方面导致了残余孔隙度较高。为了弄清这方面的机理，下文展开了两个方面的工作：反演原始沉积时的孔隙度及计算孔隙度的保存情况。

原始沉积孔隙度利用分选系数法进行推算（Scherer，1987）。这个方法的基本原理是沉积物颗粒分选度与孔隙度具有一定对应关系：孔隙度会随着分选的变差而降低。因此利用沉积物粒度分析资料可以反推出原始孔隙度。Beard 和 Weyl（1973）建立起的孔隙度与分选系数 S_o 关系如下：

$$\Phi = 20.91 + 22.90/S_o \tag{6-1}$$

式中，$S_o = \sqrt{D_3/D_1}$（D_3 和 D_1 分别为粒度曲线上 25% 和 75% 处粒径大小）。

利用上述公式，结合粒度曲线资料推断出不同混合沉积体系原始孔隙度结果如表 6-9 所示：混积滩坝复合体储层 31.2%；扇三角洲前缘砾质碎屑流混合沉积储层为 27.6%；扇三角洲前缘砂质碎屑流混合沉积储层为 29.7%；扇三角洲前缘河口坝混合沉积为 30.0%。

表 6-9　混积岩储层原始孔隙度对比

成因相	典型钻井	样品个数	原始孔隙度平均值/%
混积滩坝复合体（生物碎屑混积滩）	QHD36-3-2	24	31.2
扇三角洲前缘砾质碎屑流混合沉积	QHD29-2E-5	157	27.6
扇三角洲前缘砂质碎屑流混合沉积	BZ27-2-2	53	29.7
扇三角洲前缘河口坝混合沉积	CFD5-5-3D	28	30.0

根据 Pryor 对不同沉积环境下原始孔隙度的统计数据结果，原始孔隙度最高的沉积环境为海滩砂沉积，平均值可达 50% 左右；与滩坝相似的点砂坝沉积原始孔隙度平均可达 40% 左右（Pryor，1972）。鄂尔多斯盆地长 8 浅水三角洲储层原始孔隙度在 28% 左右。结合前人的研究，对比本次研究结果发现，混合沉积的原始孔隙度与类似沉积环境相比差别不大，甚至相对低于许多现代环境下的砂体沉积物。由此可见，原始沉积作用形成的孔隙度不是残余孔隙度大量存在的主要原因，而是特殊的地质条件导致原生孔隙得以保存下来。经统计，QHD36-3-2 井河口坝混合沉积残余孔隙度约为 12%，原始沉积的孔隙度约 30%。孔隙度的损失率约为 60%，即说明有将近 40% 的孔隙得以保存下来。这对于中—深部储层而言，是十分可观的保存率。

2. 原生孔隙保存的机理

压实作用是造成储层原生孔隙损失的主要成岩作用之一（寿建峰和朱国华，1998；Wilson et al.，2000；Davies，2005；蒽克来等，2014）。研究区混积岩储层原生孔隙得以保存主要得益于储层有效地抵御了来自上覆地层压实作用的影响，而导致原生孔隙有效抵御压实作用的条件包括以下三个方面：①颗粒型混积岩岩性相骨架的抗压实能力；②（准）同生阶段关键成岩作用有效增加了储层抗压实能力；③特殊的构造埋藏方式有效缓解了上覆地层压力。以下分别对上述三个方面展开详细阐述。

1）颗粒型岩性相

一般认为，上覆地层压力是由岩石颗粒骨架所承担的。因此，储层抗压实能力与储层的岩石组构有密切联系（Paxton et al.，2002；张创等，2017）。混积岩储层具有不同的岩性相类型，通过不同钻井垂向岩性相与相应原生孔隙的对比发现：混积岩储层中颗粒型岩性相具有较高的原生孔隙度。

以 QHD36-3-2 井取心段为例（图 6-28）。钻井取心段主要钻遇了四种岩性相：颗粒支撑含生物碎屑细砾岩相（MLF1a）、含陆源碎屑生物碎屑云岩相（MLF3）、岩性相类型包括陆源碎屑质生物碎屑质泥晶云岩相（MLF7）和含陆源碎屑泥晶质生物碎屑云岩相（MLF8）。MLF1a 对应钻孔深度为 3771～3773m，原生孔隙度含量范围在 4%～10%。但原生孔隙的占比可以达到 80% 左右，可见原生孔隙可以作为储层的主要孔隙类型。由微观镜下照片可看出这类岩性相主要孔隙类型为颗粒之间的残余原生孔（图 6-28，样品 L3）。MLF3 是该取心段最主要的岩性相类型。从原生孔隙度范围看，其值在 5%～25%，但主要集中在 10% 左右，多数样品原生孔隙的占比都在 50% 以上，这说明，原生孔隙是主要的孔隙类型。从镜下观察也看出，颗粒之间的粒间孔含量高，是主要的孔隙贡献者（图 6-28，样品 L1）。

MLF7 和 MLF8 为泥晶型混积岩岩性相，其定义为岩石以化学碳酸盐泥晶颗粒为最主要的组构。MLF7 样品中原生孔隙几乎均为 0，因此可认为这类岩性相原生孔隙不发育。从镜下照片也可以看出，泥晶基质占据了主要的岩石组构空间，原生孔隙不存在。MLF8 样品较少，原生孔隙度约 5%，在孔隙中占比 20% 左右，说明原生孔隙并不是主要的孔隙类型。从微观岩性相组构上看，储层主要的孔隙贡献来源于生物碎屑壳体的次生溶蚀作用（图 6-28，样品 L2）。

由上述观察认为，当混积岩储层中岩性相以陆源碎屑-生物碎屑颗粒为主时，原生孔隙度较高且能成为储层中主要的孔隙类型。颗粒型混积岩岩性相是最具有抗压实能力的混积岩岩性相，能较好地保存原生孔隙。

2）（准）同生阶段成岩作用

通过对储层物性与关键（准）同生期成岩事件之间关系的分析认为，同生期泥晶包壳的产生和准同生期白云石化能明显抑制压实作用。

从显微薄片观察可以明显发现，泥晶包壳含量较高的样品，原生孔隙往往均保留完好[图 6-29（a）]。反之在纯碎屑岩样品中，少见泥晶包壳结构，往往被压实，导致颗粒之间呈线接触关系，原生孔隙被压实作用损失殆尽 [图 6-29（b）]。

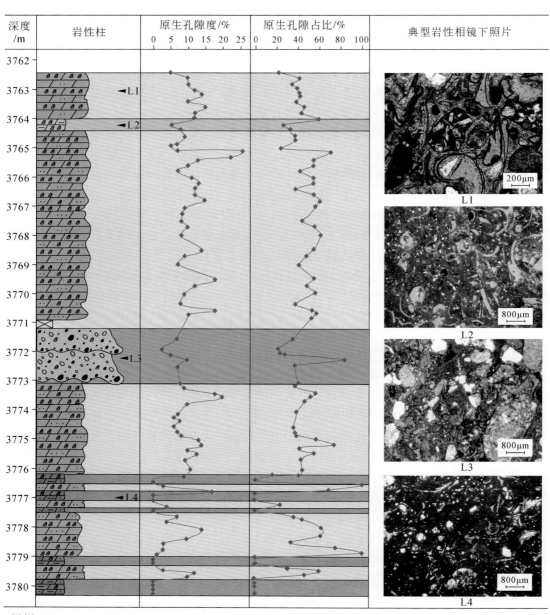

图 6-28　QHD36-3-2 井垂向岩性相与原生孔隙度、原生孔隙占比关系

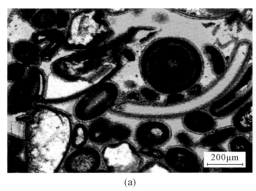

图 6-29　泥晶包壳与非泥晶包壳样品微观特征对比

（a）QHD36-3-2 井 3779.60m，泥晶包壳及保存完好原生孔隙，单偏光，蓝色铸体；

（b）QHD36-3-3 井 3767m，碎屑颗粒不含泥晶包壳，被压实，单偏光，蓝色铸体

为了定量化泥晶包壳对抵制压实作用的关系，本书首先在泥晶包壳样品中近似恢复压实损失的孔隙度。采用 Beard 和 Weyl（1973）的原始孔隙度如下：

$$\Phi_0 = 20.91 + 22.90/\sqrt{D_3/D_1} \tag{6-2}$$

式中，D_3 和 D_1 分别为粒度曲线上 25% 和 75% 处粒径大小。

再利用如下公式计算压实后的孔隙度（葛家旺等，2015）：

$$\Phi_1 = C + \Phi_r \cdot \Phi_p/\Phi_t \tag{6-3}$$

式中，C 为胶结物含量；Φ_r、Φ_p、Φ_t 分别为粒间残余原生孔隙度、物理分析测试得出的孔隙度和总孔隙度。

最终，压实损失的孔隙度为初始孔隙度与压实后孔隙度之差：

$$\Phi = \Phi_0 - \Phi_1 \tag{6-4}$$

根据上述公式，对典型泥晶包壳样品进行精细的镜下薄片半定量统计，获得以下数据：泥晶包壳的含量、泥晶包壳样品残余原生孔隙度、总孔隙度和胶结物含量。同时对样品分别进行粒度分析测试和岩石储层物理性质测试分别获得粒度分析数据及孔隙度等数据，测试数据由渤海石油研究院实验室测得。

将泥晶包壳含量与最终计算得出的样品压实作用损失的孔隙度值做散点图（图 6-30）。结果表明，两者之间呈一定的线性关系。随着泥晶包壳含量的增加，由于压实作用导致的孔隙度损失量会呈减少的趋势。

准同生期的白云石化显微特征表现为：一方面选择性交代了生物成因碳酸盐颗粒［图 6-31（a）］；另一方面同生期在泥晶包壳表面形成的环边胶结物被白云石化［图 6-31（b）］。

通过岩石薄片对比发现，早期白云石化样品能保存原生孔隙，对于有效抵制压实作用，具有建设性作用。其较强的抗压实作用机理被证实有以下几个方面：①白云岩可以增加岩石的抵抗压实作用的能力，这是由于白云石被证实比灰岩更能抵制压实作用，同时白云石相比灰质成分更不易溶解，能有效保持岩石骨架（特别是生物骨架）（Mcneill and

Kirschvink，1993）[图版Ⅳ（c）]；②白云石化也有效抑制了胶结物的沉淀，使得原生孔空间不易被占据（Rott and Qing，2013）。

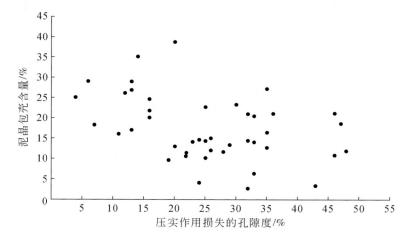

图 6-30　泥晶包壳含量和压实作用损失的孔隙度关系图

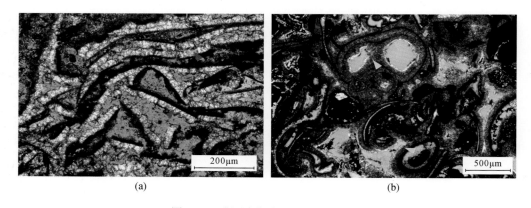

(a)　　　　　　　　　　　　　　　　　　(b)

图 6-31　准同生期白云石化微观特征

（a）QHD36-3-2 井，3762.83m，环带胶结物被白云石交代（粉色箭头），单偏光，蓝色铸体；
（b）CFD2-1-2 井，3429.5m，生物碎屑颗粒被选择性白云石化（黄色箭头），单偏光，蓝色铸体

3）构造埋藏方式

　　渤海海域的构造埋藏方式也是原生孔隙得以保存的重要机理之一。沉积物在沉积之后迅速遭到掩埋，导致孔隙受到强烈的压实作用影响而损失，是大多数致密化储层形成的成因（李嵘等，2011；谢佳彤等，2016）。然而，渤海探区沙一、二段经历了相对较长时间的浅埋藏过程。以 BZ27-2-2 井为例，恢复埋藏史–热演化史之后发现（图 6-32）：①在相对较长的地质历史时期内（38～13Ma），储层埋深始终没有超过 2000m；②有机质成熟时期较晚。有机质进入生烃门限（$R^o > 0.5\%$）大概在 7Ma 左右。通过上述两点基本认识可以推测，沙一、二段储层在盆地断陷期形成，直到盆地进入新近系快速拗陷阶段埋深才快速增加，进入中—深埋藏阶段。此外 BZ27-2-2 井所位于的渤中凹陷热流值大概为 3.5℃/100m，属于高热流值区域。因此可以推测储层长期处于相对较浅的埋深环境导致了较晚的有机质成熟。

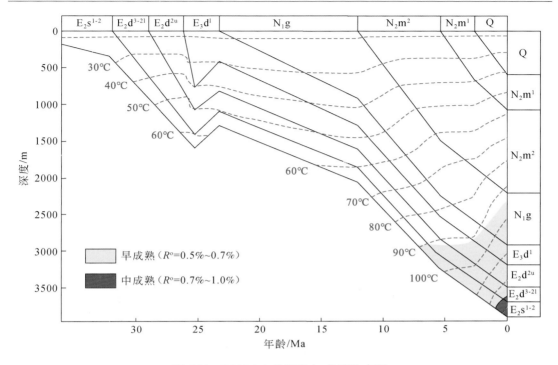

图 6-32　BZ27-2-2 井埋藏史–热演化史图

通过上述论述可以看出，渤海海域沙一、二段储层长期的浅埋藏过程是保存原生孔隙的重要机制。通过对比目前处于浅埋阶段的岩石样品［图 6-33（a）、（b）］可以发现，浅埋藏的样品原生孔隙保存较好，其原因有两个：①受到上覆地层压力相对较小，机械压实主要表现在导致岩石颗粒产生大量机械成因裂缝，原生孔隙未受到大量的衰减［图版Ⅲ（b）］；②热演化程度低，原生孔隙不会被胶结物（如碳酸盐胶结物）堵塞而造成孔隙度的降低。

图 6-33　浅埋藏样品显微特征

（a）CFD5-1-3 井，1631m，馆陶组砂岩，颗粒产生大量构造裂缝，单偏光，蓝色铸体；
（b）QHD29-2E-5 井，1724m，明化镇组下段砂岩，单偏光，蓝色铸体

3. （残余）原生孔隙保存与储层关系

（残余）原生孔隙的保存是混积岩储层具有良好储集性能的重要基础。一方面原生孔隙为储层提供了重要的储集空间。根据典型混积岩储层统计，（残余）原生孔隙范围跨度较大。因此利用孔隙度区间占比来衡量原生孔隙的贡献：根据统计，大多数混积岩样品（50%以上）都可以提供5%以上的孔隙度，其中15%左右的样品可以提供10%以上的孔隙度。特别是个别样品显示储层中可以保存接近，甚至超过20%的储集空间（表6-10）。对于中—深层储层而言，这是较为可观的储层空间。特别是这些典型钻孔普遍含油气性较好也印证了（残余）原生孔隙的保存对储层空间的促进作用。

表 6-10　典型钻井孔隙度区间占比统计

典型井位	样品数	残余原生孔范围/%	残余原生孔含量在5%～10%的占比/%	残余原生孔含量在10%～15%的占比/%
QHD36-3-2	84	0～26	46.4	29.8
QHD29-2E-5	41	1～9	19.5	0
CFD2-1-2	34	0～18	29.4	17.6
BZ36-2-W	18	0～16	38.9	11.1

此外，原生孔隙的保存反映了压实作用对研究区混积岩储层影响不大。压实作用主要表现为造成少量颗粒的变形或折断［图6-34（a），图版Ⅳ（d）］。压实作用并没有造成混积岩储层中颗粒之间原生孔隙较大的损失，同时，多口钻井中均发现由于压实作用产生机械成因的微裂缝［图6-34（b），图版Ⅲ（f）］，这也为储层增加了额外的储集空间。根据统计，个别样品裂缝可提供1%～2%的孔隙度。

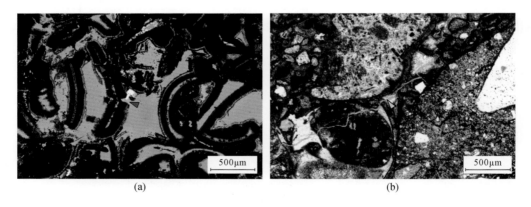

图 6-34　压实作用显微镜下特征

（a）压实作用造成生物碎屑颗粒错断（粉色箭头），CFD2-1-2 井，3429.5m，单偏光，蓝色铸模；
（b）压实作用导致的机械系成因微裂缝（黄色箭头），QHD29-2E-5 井，3380.85m，单偏光，蓝色铸模

6.3.2　次生孔隙的发育是优质储层形成的关键

混积岩储层中次生孔隙的贡献主要是溶蚀作用。溶蚀作用与储层流体具有密切的联系。成岩过程中不同地质成岩流体的介入会对储层产生不同的作用。本书首先借助不同宿

主矿物中流体包裹体均一温度和盐度测试，划分流体活动期次并厘定流体的性质，在上述工作基础上阐述流体溶蚀作用与储层之间的关系。

1. 储层的成岩流体特征

通过岩相学观察可知，不同的宿主矿物捕获了不同性质的流体包裹体。主要的流体包裹体发育在碎屑石英颗粒裂纹、碳酸盐胶结物和石英加大边中（图 6-35）。

赋存于石英颗粒裂纹中的包裹体主要为次生盐水包裹体，常温下一般为单一的气相或者液相包裹体。包裹体粒径大小集中在 2~6μm，少量大于 10μm。形态一般呈椭圆形、负三角形或长条形。包裹体分布形式可以分为两类，一类呈串珠状，线性分布于石英颗粒裂缝中，具有明显的定向性 [图 6-35（a）、（b）]；另一类呈随机孤立状分布，不具有定向性 [图 6-35（c）、（d）]。

赋存于碳酸盐胶结物中的包裹体主要为原生的盐水包裹体。室温状态下可见气-液两相或者单一液相为主的包裹体相态。这类包裹体的粒径相对较大，大多大于 6μm，集中于 8~10μm。包裹体一般呈椭圆形或管形，零散孤立状分布 [图 6-35（e）、（f）]。

赋存于石英加大边中的流体包裹体相对较少，主要为原生的盐水包裹体。在室温下呈单一液相。包裹体粒径较小，集中于 3~4μm。外形呈相对规则的圆形、椭圆形，孤立分布 [图 6-35（g）、（h）]。

不同样品的流体包裹体测温和测盐结果总结于表 6-11。流体包裹体测试数据表明，成岩过程中至少存在四类不同特征的流体。

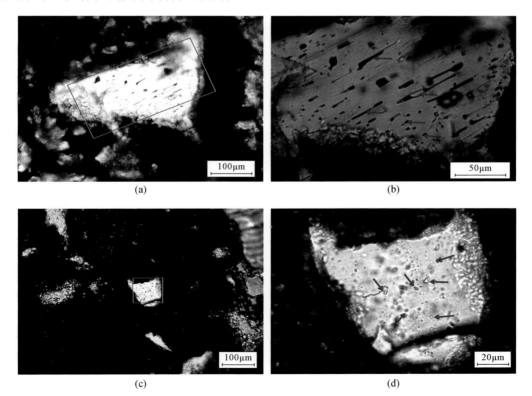

(a) (b)

(c) (d)

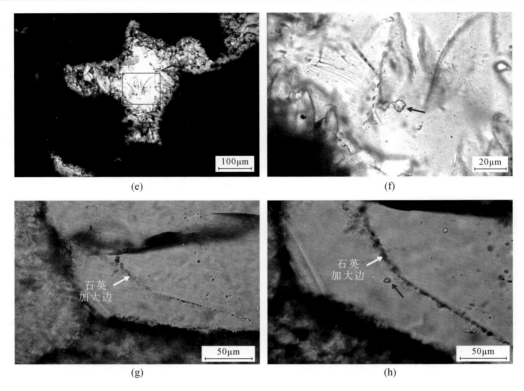

图 6-35　流体包裹体镜下显微岩相学特征

（a）赋存于石英颗粒内的次生单一气相盐水包裹体，CFD2-1-2 井，3426.3m；（b）图（a）放大照片，见包裹体呈串珠状分布；
（c）赋存于石英颗粒内的次生盐水包裹体，QHD36-3-2 井，3779.1m；（d）图（c）放大照片，见包裹体呈孤立零散状分布，
主要为单一气相或液相包裹体；（e）赋存于胶结物内的原生盐水包裹体，QHD36-3-2 井，3779.1m；（f）图（e）放大照片，见
包裹体呈孤立零散状分布，为气-液两相包裹体；（g）赋存于石英加大边内的原生盐水包裹体，BZ27-2-1 井，3692m；
（h）图（g）放大照片，见包裹体呈孤立零散状分布，为气-液两相包裹体

第一类流体包裹体主要赋存于石英颗粒裂纹和方解石充填物中，均一温度 T_{h1} 主要为 90～120℃，盐度 S_1 主要为 1%～9%（NaCl）。第二类流体包裹体同样在石英颗粒裂纹和方解石胶结物中被捕获，流体均一温度 T_{h2} 同样近似集中于 90～120℃；但盐度 S_2 明显高于第一类流体，主要的范围在 11%～22%（NaCl）。第三类流体包裹体主要赋存于石英加大边及石英颗粒裂纹中，均一温度 T_{h3} 主要为 135～145℃，盐度 S_3 范围主要为 2%～10%（NaCl）。第四类流体包裹体在石英裂纹中被捕获，均一温度主要范围在 140℃以上，盐度范围主要在 10%～20%（NaCl）。

上述测试结果表明，前两类流体均一温度较低，表明流体活动于早成岩作用阶段。但是两类流体表现出截然不同的盐度特征：一类为低盐度流体；另一类为高盐度流体。根据朱伟林（2009）的研究，渤海湾古近系整体上为封闭的咸水湖盆，湖水呈碱性特征。因此高盐度流体代表了咸化的湖水。反之，较低的盐度可能代表大气淡水渗入具有混合水性质的流体。前文已经证实，早成岩阶段包括同生期与准同生期两个成岩作用阶段。同生期频繁的湖平面变化使得大气淡水能与间歇性暴露地表的储层接触，导致大气淡水流入储层中。因此，第一类流体可能为同生期混合水。准同生期阶段，储层刚刚被埋入地层，相对高盐度的湖水能凭借密度差下渗进入尚未完全固结的储层中，符合第二类流体的性质。

表 6-11　渤海海域气-液两相盐水包裹体显微测温、测盐统计表

盐水包裹体平均均一温度和盐度

井号	样品编号	深度/m	赋存矿物产状	包裹体类型	流体 1			流体 2			流体 3			流体 4		
					包裹体数	T_{h1}/°C	S_1/%(NaCl)	包裹体数	T_{h2}/°C	S_2/%(NaCl)	包裹体数	T_{h3}/°C	S_3/%(NaCl)	包裹体数	T_{h4}/°C	S_4/%(NaCl)
QHD 29-2E-2	Q29-2-1	3226.85	石英颗粒裂纹	次生	8	99~111	1.1~3.9									
	Q29-2-2	3260.27	石英颗粒裂纹	次生	6	108~119	1.7~3.1	8	90~103	12.3~12.4						
	Q29-2-3	3264.07	石英颗粒裂纹	次生	11	103~128	0.7~3.9	3	79~98	13.8~22.4						
	Q29-2-4	3269.11	石英颗粒裂纹	次生	10	95~120	1.1~7.2									
	Q29-2-5	3270.5	石英颗粒裂纹	次生	5	103~107	2.2~9.2	3	107~115	14.7~17.5						
	Q29-2-6	3271.87	石英颗粒裂纹	次生	8	97~117	0.9~4.3	5	93~106	18.1~18.8						
	Q29-2-7	3273.52	石英颗粒裂纹	次生				4	97~109	12.1~15.0						
QHD 29-2E-4	Q29-4-1	3387	石英颗粒裂纹	次生	8	90~116	0.9~9.2									
	Q29-4-2	3449.07	石英颗粒裂纹	次生	3	86~115	4.8~8.7									
			方解石胶结物	原生	3	98~120	2.6~7.0									
	Q29-4-3	3450.57	石英颗粒裂纹	次生	8	105~128	2.6~4.5									
			方解石胶结物	原生	3	82~104	1.6~37	2	87~100	12.2~12.3						
	Q29-4-4	3454.98	石英颗粒裂纹	次生	9	107~121	2.2~4.3	3	109~118	22.4~22.9						
	Q29-4-5	3457.12	石英颗粒裂纹	次生	11	102~119	0.2~7.2	5	111~119	17.5~17.7						

续表

盐水包裹体平均均一温度和盐度

井号	样品编号	深度/m	赋存矿物产状	包裹体类型	流体1 包裹体数	流体1 T_{h1}/℃	流体1 S_1/%(NaCl)	流体2 包裹体数	流体2 T_{h2}/℃	流体2 S_2/%(NaCl)	流体3 包裹体数	流体3 T_{h3}/℃	流体3 S_3/%(NaCl)	流体4 包裹体数	流体4 T_{h4}/℃	流体4 S_4/%(NaCl)
QHD 29-2E-5	Q29-5-1	3378.57	石英颗粒裂纹	次生	16	100~134	0.2~7.4									
	Q29-5-2	3383.81	石英颗粒裂纹	次生	12	109~199	0.2~6.7							6	125~140	12.7~13.0
	Q29-5-3	3385.17	方解石胶结物	原生	12	97~164	0.2~9.2									
QHD 36-3-2	Q36-3-1	3695	石英颗粒裂纹	次生	3	102~129	2.1~6.9	3	110~112	11.5~17.9				3	155~157	12.4~13.6
		3831	石英颗粒裂纹	次生	8	108~138	2.1~5.9									
BZ 27-2-1	BZ1-1	3692	石英颗粒裂纹	次生							25	134~144	1.2~4.0			
	BZ1-2	3727	石英颗粒裂纹	次生							8	135~143	5.9~11.1			
			石英加大边	原生							4	142~143	8.1~8.6			
	BZ1-3	3775	石英颗粒裂纹	次生							4	142~146	3.7~9.6	5	142~145	13.4~16.2
	BZ1-4	3780	石英颗粒裂纹	次生								135~144	2.6~10.1			
	BZ1-5	3814	石英颗粒裂纹	次生				2	122~123	15.2~15.8				16	122~147	8.4~19.7

第三类流体包裹体赋存于石英加大边中，说明流体充注时间与石英加大边形成时间接近。石英加大边形成于埋藏期酸性或弱碱性介质环境。酸性成岩环境则与有机质进入埋藏期逐步成熟，释放有机酸的成岩过程有关（袁静等，2001）。第三类流体具有高温、低盐的特点，符合有机酸流体特征。相比前三类流体，第四类流体表现为高温、高盐的特征。均一温度测试结果测得接近甚至高出埋深背景温度值的流体；盐度范围表现为卤水性质。相对高温的成岩环境促使黏土矿物发生一系列物理化学作用，如黏土矿物的脱水作用等（张善文等，2008）。脱水作用导致储层流体中碱性离子，如 Ca^{2+}、Mg^{2+}、Fe^{2+} 等离子浓度增加，从而使得流体盐度增加。因此这类流体可能为相对高温封闭的成岩环境中的埋藏期碱性流体。考虑到这一期流体包裹体均一温度检测出高于地层背景的温度值，因此不排除受地层深部高温、高盐的热液流体作用影响，但是还需要进一步寻找证据，本书在此不做过多讨论。

2. 流体活动与次生溶蚀

在厘定成岩流体期次和性质基础上，结合储层成岩演化序列认为，（准）同生期主要为大气淡水渗入造成碳酸盐选择性溶蚀。当储层进入埋藏期，有机质逐步开始成熟而进入生烃门限，有机酸开始产生。导致成岩环境呈酸性或弱碱性。混积岩中陆源碎屑颗粒或早期形成的碳酸盐胶结物会因此受到非选择性的溶蚀作用。

3. 次生溶蚀与储层关系

由上述流体与储层的关系可以看出，成岩作用过程中的溶蚀作用包括早成岩阶段（同生期）大气淡水组构性溶蚀和晚成岩阶段（埋藏期）非组构性溶蚀（图 6-36）。

通过对早期和晚期成岩阶段溶蚀作用的对比发现（图 6-36），早期形成的选择性溶蚀孔对孔隙度贡献明显大于晚期非选择性溶蚀孔。定量化表征认为，同生期大气淡水溶蚀形成的孔隙度大多数大于 6%，为 6%～12%，反之晚期成岩形成的非选择性溶蚀孔大多数低于 4% [图 6-36（a）]。

显微镜下观察也表明，选择性溶蚀孔隙的影响范围很大，几乎所有生物碎屑颗粒都能溶蚀形成铸模孔 [图 6-36（b）]；反之晚期有机酸仅对个别岩屑颗粒产生溶蚀作用，影响范围较小，对孔隙的贡献度有限 [图 6-36（c）]。

因此（同生期）大气淡水组构性溶蚀是储层形成次生孔隙的最主要贡献，为储层增加了 8%～10% 的孔隙度；反之，非选择性溶蚀产生的孔隙度为 2%～4%。整体而言，由于次生溶蚀作用而增加的孔隙度可以达到 10%～15%。

6.3.3　热流体活动是优质储层改造的机制

以 QHD29-2E-5 井为例，通过岩石手标本、微区碳氧同位素测试、白云石胶结物和黄铁矿等多方面证据来分析热液流体的活动及其对储层的影响。

1. 宏观手标本及微区碳氧同位素

从 QHD29-2E-5 井的岩石手标本上可以看到一条明显的纵向脉，分别从脉体及脉体

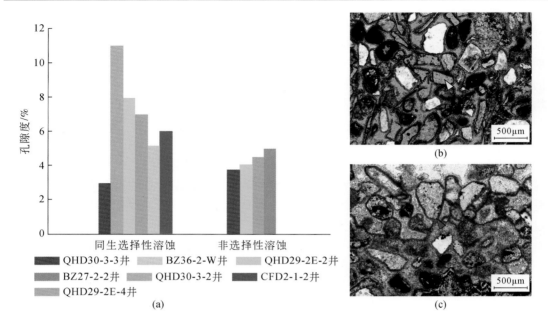

(a)

(b)

(c)

图 6-36　储层早成岩与晚成岩阶段溶蚀作用对比

（a）早期选择性溶蚀和晚期非选择溶蚀孔隙度对比；（b）生物碎屑选择性溶蚀（黄色箭头）显微镜下特征，QHD36-3-2 井，
3768.53m，单偏光，蓝色铸模；（c）岩屑非选择性溶蚀（粉色箭头）显微镜下特征，QHD29-2E-5 井，3380.85m，单偏光，
蓝色铸模

周围围岩中选取 4 个点位，点位分布如图 6-37 所示，测试其碳氧同位素组成，测试结果
如表 6-12 所示。从数据结果中可以看出，脉体与围岩之间的碳同位素值相差不大，为正
常原生湖相碳酸盐岩范围（−2‰～6‰），而氧同位素则表现出明显的差异性，其中流体通
道内部测出的值明显较围岩值负偏。

图 6-37　流体通道岩石手标本

表 6-12　流体通道与围岩碳氧同位素比较

点号	性质	$\delta^{18}O$（V-PDB）/‰	$\delta^{13}C$（V-PDB）/‰
1	脉体	−7.01	2.56
2	围岩	−1.25	1.93
3	脉体	−5.59	2.17
4	围岩	0.13	2.59

2. 晚期白云石胶结物

晚期生长的白云石胶结物主要有细晶粒状胶结物和多期生长柱状胶结物，通过薄片照片和阴极发光照片（图 6-38）可以看出细晶粒状胶结物大小在 0.05mm 左右，细晶结构，主要充填颗粒之间的原生孔隙，对储集层孔隙度具有一定影响，会对原生孔隙造成一定堵塞；多期柱状白云石胶结在颗粒表面，胶结物发育具有多期次性，后期形成的柱状胶结物胶结在早期形成的胶结物之上，从薄片照片中可以看出，早期形成的柱状胶结物与晚期所形成的相比偏小而紧密，最外层的柱状胶结物发育较大，约为 0.1mm。在图 6-39 中可以看到，晚期形成的块状白云石胶结物和柱状白云石胶结物的氧同位素分布在−12‰～−9‰，相对早期胶结物明显负偏，同样反映出了热液流体对胶结物作用产生的影响。为了探明胶结物形成的温度，选取了三个样品进行流体包裹体测试，三个样品的宿主矿物均为溶缝充填方解石，成因、类型均相同，测试结果数据如表 6-13 所示，测试所取样品镜下图片以及对应点的测试结果温度分布如图 6-39 所示，流体包裹体测试表明，胶结物形成温度在 100℃ 左右；检测出 120～130℃ 的包裹体，不排除后期的热液影响。

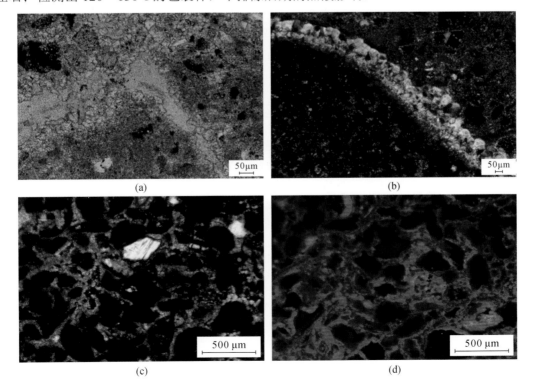

(a)　(b)

(c)　(d)

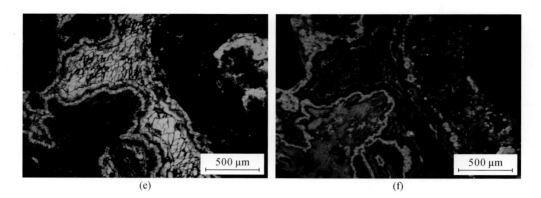

图 6-38　QHD29-2E-5 井晚期白云石胶结物特征

（a）细晶粒状胶结物，3378.94m；（b）多期生长柱状胶结物，3385.17m；（c）细晶粒状胶结物，充填孔隙，3378.94m；
（d）图（c）的阴极发光照片；（e）柱状胶结物，多期生长，3385.17m；（f）图（e）的阴极发光照片

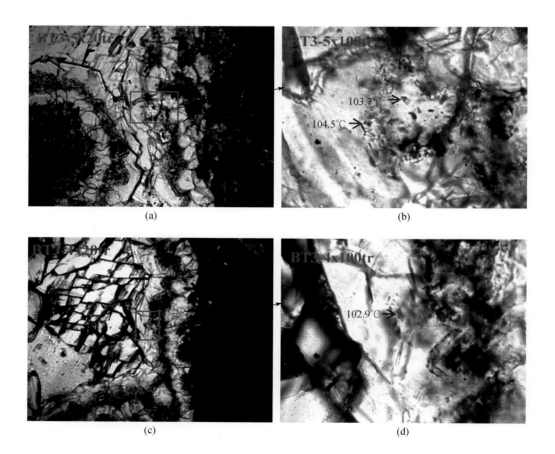

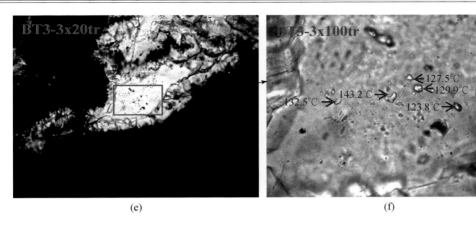

(e)　　　　　　　　　　　　　(f)

图 6-39　流体包裹体测试样品

表 6-13　流体包裹体均一温度及盐度

样品号	宿主矿物	成因	类型	大小/μm	气−液比/%	T_h/℃	T_m/℃	S（NaCl）/%
BT3-3	溶缝充填方解石	原生	盐水	12	6	143.2	−7.1	10.6
	溶缝充填方解石	原生	盐水	6	6	132.5	−7.0	10.5
	溶缝充填方解石	原生	盐水	8	6	125.9	−7.0	10.5
	溶缝充填方解石	原生	盐水	6	6	127.5	−6.9	10.4
	溶缝充填方解石	原生	盐水	7	6	123.8	−6.9	10.4
BT3-4	溶缝充填方解石	原生	盐水	14	6	102.9	−5.6	8.7
BT3-5	溶缝充填方解石	原生	盐水	9	6	103.7	−5.6	8.7
	溶缝充填方解石	原生	盐水	8	6	104.5	−5.7	8.8

3. 黄铁矿指示

黄铁矿化学式为 FeS_2，硫化物是地球化学相中还原相的代表，研究它对了解早期成岩阶段的环境特征和变化有重要意义。

本书选取 QHD29-2E-5 井的薄片及钻井、元素等资料对黄铁矿进行观察和分析。通过对 QHD29-2E-5 井薄片镜下图片（图 6-40）的观察可以发现，该井黄铁矿大量赋存，部分黄铁矿晶形完整，呈自型—半自型，自型程度较高，部分黄铁矿被后期构造运动引起的微断裂切穿，说明黄铁矿发育形成的时间相对较早，断裂作用对其具有一定的影响。同时黄铁矿发育有不同的形貌特征，通过对 QHD29-2E 构造带的黄铁矿扫描电镜照片进行观察可以发现，QHD29-2E-5 井黄铁矿类型多为五角十二面体黄铁矿，而 QHD29-2E-2 井则为球粒状黄铁矿。

黄铁矿中 Co/Ni 值具有一定的成因鉴定意义：沉积型黄铁矿 Co/Ni 一般小于 1，热液成因黄铁矿该值大于 1。QHD29-2E-5 井黄铁矿电子钻探数据如表 6-14 所示，将表中数据的 Co 和 Ni 值按照横坐标为 Ni，纵坐标为 Co 投图，得到如图 6-41 所示的 Co、Ni 分布图。从数据表或者分布图中都可以看出黄铁矿电子探针 Co/Ni 值大部分大于 1，因此可能为热液成因型黄铁矿。

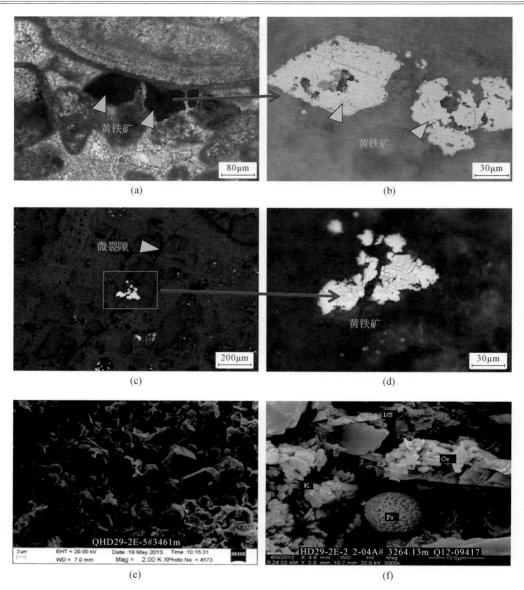

图 6-40　黄铁矿镜下照片

I/S. 伊利石/蒙皂石；Or. 有机质；K. 高岭石；Pr. 黄铁矿

表 6-14　黄铁矿电子钻探部分数据

深度/m	编号	Se/（μg/g）	S/%	Fe/%	Ni/（μg/g）	Co/（μg/g）
3343.63	1	—	52.285	43.211	0.071	0.069
	3	0.013	52.38	45.818	0.018	0.084
	4	—	52.083	45.234	0.021	0.083
	5	—	51.894	45.11	0.01	0.084
	6	—	53.933	45.021	0.022	0.074
	7	0.012	52.52	44.269	0.078	0.072

续表

深度/m	编号	Se/(μg/g)	S/%	Fe/%	Ni/(μg/g)	Co/(μg/g)
3369.52	1	0.005	51.592	43.834	0.005	0.066
	2	—	52.717	45.321	0.004	0.065
3376.17	1	0.013	50.586	43.585	0.008	0.088
	2	0.021	52.62	44.615	0.012	0.084
	3	—	50.361	42.761	0.039	0.073
	4	—	51.64	43.675	0.035	0.078
3382.75	1	—	50.157	44.125	0.009	0.062
	2	0.028	53.876	46.002	0.011	0.093

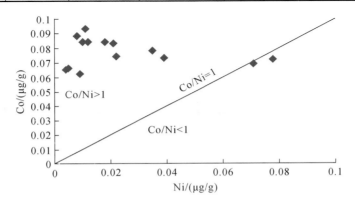

图 6-41　QHD29-2E-5 井黄铁矿钴、镍含量散点图

通过对不同期次胶结物，以及不同的成岩环境和成岩期次进行总结归纳（图 6-42），可以看出在同生期，湖水作用是主要成岩因素，胶结物主要发育有泥晶包壳、等厚叶片环

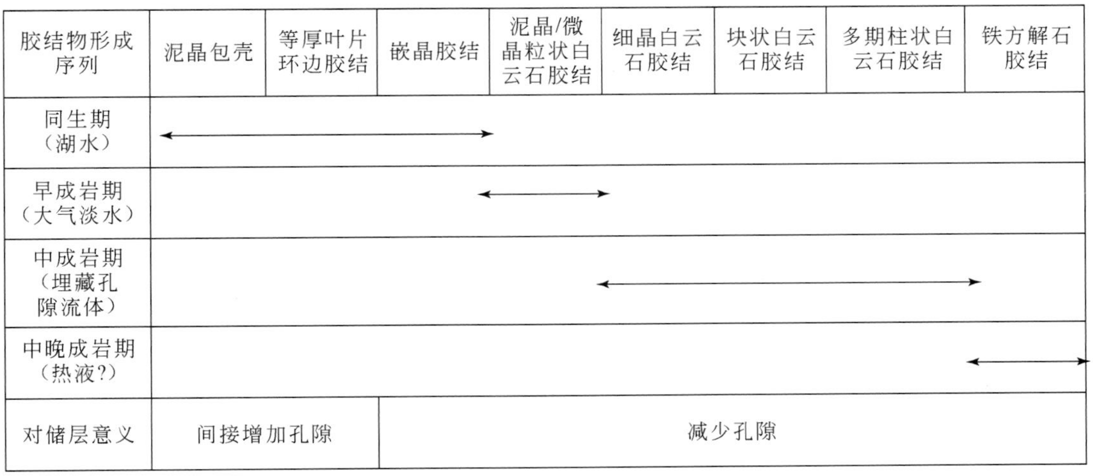

胶结物形成序列	泥晶包壳	等厚叶片环边胶结	嵌晶胶结	泥晶/微晶粒状白云石胶结	细晶白云石胶结	块状白云石胶结	多期柱状白云石胶结	铁方解石胶结
同生期（湖水）	←————————————————→							
早成岩期（大气淡水）				←———→				
中成岩期（埋藏孔隙流体）						←————————————→		
中晚成岩期（热液?）								←——→
对储层意义	间接增加孔隙		减少孔隙					

图 6-42　QHD29-2E-5 井不同事件储层意义

边胶结和嵌晶胶结，进入早成岩期后，大气淡水作用逐渐明显，由大气淡水引起的泥晶（微晶）粒状白云石胶结开始发育，到了中成岩期，成岩流体主要为埋藏孔隙流体，这时发育的胶结物主要有细晶白云石胶结、块状白云石胶结和多期次柱状白云石胶结，在中晚成岩期，受到热液流体作用的影响而形成铁方解石胶结。在这些不同类型的胶结物中，只有在同生期形成的泥晶包壳和等厚叶片环边胶结可以间接地增加孔隙度，其他胶结对储集层孔隙均具有一定的破坏作用，减少了储集层孔隙。

第7章 混积岩综合识别技术及预测思路

无论是对混积岩类型的识别、过程的分析，还是模式的建立，最终目的都是深刻理解混积岩发育的每一个步骤，从而识别混积岩层段，预测混积岩在空间上的展布。如果与生产紧密结合的话，就需要进行有利区带的预测，为油气勘探提供待选区。

7.1 混积岩综合识别技术

混积岩不同于常规的碎屑岩沉积体，常规碎屑岩沉积体的识别技术和预测方法目前已经比较成熟，但是混积岩由于没有现成的技术可以遵循，虽然或多或少做了一些尝试，但还没有形成一套切实可行的方法体系。在本书研究过程中，较为系统地从地震-测井-岩心尺度开展了混积岩的识别，形成了一套适合渤海湾盆地的混积岩综合识别技术。

7.1.1 地震尺度识别技术

1. 宏观地震相类型

在研究区沙一、二段中识别出六大类主要的宏观地震相，结合钻井特征与所发育的构造位置，其地质意义各不相同。全区识别的地震相包括前积地震相、楔状地震相、充填状地震相、亚平行席状相、丘状地震相和平行席状相（表7-1）。

1）前积地震相

由一组向同一方向倾斜的同相轴组成，其与上覆和下伏的平坦同相轴呈角度或切线相交。通常反映某种携带沉积物的水流在向盆地推进的过程中由前积作用产生的反射特征。根据其内部反射结构的差异，研究区识别前积地震相的主要反射特征表现为中弱振幅低连续前积反射、中频中强振幅低连续、弱振幅前积反射、中低频中振幅低连续等。研究区前积地震相主要反映辫状河三角洲前缘和辫状河三角洲沉积。该地震相发育的主要区域有黄河河口东东洼 BZ36-2-W 井沙一、二段和东三段，CFD7-3-1 及 CFD7-2-1D 井东二上亚段，BZ34-9-1、BZ35-2-2、BZ35-2-6 井沙一、二段上亚段（图7-1）。

2）楔状地震相

楔状地震相由一系列反射振幅中等、连续性中等的反射同相轴组成，厚度向凹陷中央变薄，剖面形态呈楔状。由于沉积背景的差异，楔状地震相在剖面形态、分布位置上有所差异。研究区的楔状地震相主要为前积楔状地震相。该地震相主要反映了扇三角洲、辫状河三角洲沉积，该地震相的发育区段为石臼坨凸起陡坡带 NB39-1-1D 沙一、二段及曹妃甸5-5 构造区沙一、二段（图7-2）。

3）充填状地震相

由一组平坦、倾斜及上凸的反射同相轴充填于明显下凹的沉积界面之上形成。研究区识别的充填地震相的反射特征主要为弱振幅杂乱反射，反映的地震相主要为扇三角洲。该地震相主要发育区域为曹妃甸 5-5 构造区的沙一、二段（图 7-3）。

表 7-1　渤海地区古近系沙一、二段主要地震相类型

地震相	地震反射特征	对应沉积类型	分布位置
前积地震相	中弱振幅低连线前积反射	辫状河三角洲前缘	黄河河口东东洼 BZ36-2-W，沙一、二段，东三段
	中频中强振幅低连续	辫状河三角洲	CFD7-3-1，东二上亚段
	弱振幅前积反射	辫状河三角洲前缘	BZ34-9-1、BZ35-2-2，沙一、二段
	弱振幅前积反射	辫状河三角洲前缘	BZ35-2-6，沙一、二段
	中低频中振幅低连续	辫状河三角洲前缘	CFD7-2-1D，东二上亚段
楔状地震相	中强振幅中好连续	扇三角洲	石臼坨凸起陡坡带 NB35-1-1D，沙一、二段
	中强振幅中好连续	辫状河三角洲	曹妃甸 5-5 构造区，沙一、二段
充填状地震相	弱振幅杂乱反射	扇三角洲	曹妃甸 5-5 构造区，沙一、二段
亚平行席状相	超强振幅高连续反射	混合沉积	黄河口东东洼 BZ36-2-W，沙一段
	中强振幅亚平行连续反射	辫状河三角洲前缘	BZ35-2-2、BZ35-2-6，沙一、二段
丘状地震相	强振幅高连续反射	混积滩沉积	渤南低凸起 BZ36-2-W、BZ36-2-1、BZ36-4-1，沙一、二段
	中振幅较连续反射	混合沉积	曹妃甸 5-5 构造区，沙一、二段
平行席状相	强振幅连续反射	湖相	曹妃甸 5-5 构造区，沙一、二段
	强振幅高连续反射	混积滩、生屑滩	渤中 36 构造区 BZ36-4-1、BZ36-2-1、BZ36-2-W，沙一、二段井区台地边缘高部位
	槽内中强振幅反射	混积滩	渤中 36 构造区 BZ36-4-1、BZ36-2-1、BZ36-2-W，沙一、二段，断层切割两隆两槽区

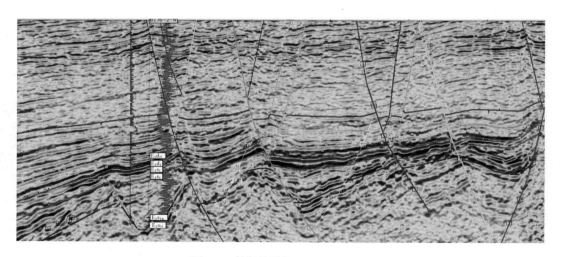

图 7-1　前积地震相（BZ36-2-W）

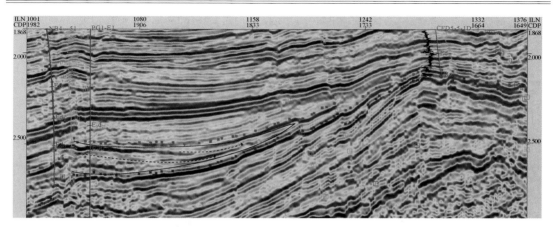

图 7-2　楔状地震相（曹妃甸 5-5 构造区）

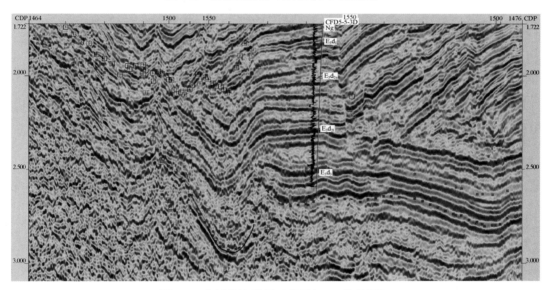

图 7-3　充填状地震相（曹妃甸 5-5 构造区）

4）亚平行席状相

亚平行席状地震相由一系列反射振幅变化的、相互不平行的地震反射同相轴构成，以超强振幅高连续反射及中强振幅连续反射为特征，常反映水动力能量较弱或变化较大、沉积作用相对不太稳定的沉积环境。研究区亚平行席状地震相主要反映的是辫状河三角洲前缘及混合沉积。该地震相在研究区的主要发育区段为黄河口东东洼 BZ36-2-W 井沙一、二段及 BZ35-2-2 和 BZ35-2-6 井的沙一、二段（图 7-4）。

5）丘状地震相

丘状地震相由一组呈披覆状的同相轴组成，剖面显示中间厚两侧薄的上凸丘形特征。一般来说，丘状相的底界是平直的或略显下凹的，与下伏层平行接触，而顶界上凸并被两侧同相轴上超。在研究区，丘状地震相主要表现为强振幅高连续反射及中振幅较连续反射特征，反映的沉积相主要为混合沉积，该地震相主要发育区为渤南低凸起 BZ36-2-W、BZ36-2-1 和 BZ36-4-1 井沙一、二段及曹妃甸 5-5 构造区沙一、二段（图 7-5）。

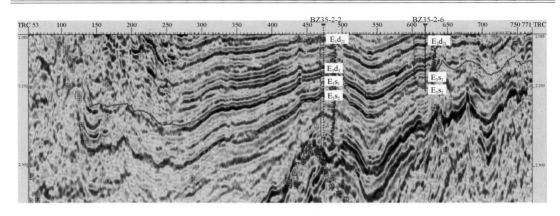

图 7-4　亚平行席状相（BZ35-2-2 井和 BZ35-2-6 井）

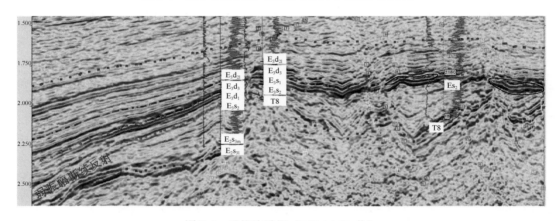

图 7-5　丘状地震相（BZ36-2-W 井）

6）平行席状相

研究区平行席状地震相由一组平行的地震反射同相轴构成，具有强振幅连续反射、强振幅高连续反射和中强振幅反射结构特征，与上下反射层呈平行接触关系，其外部几何形态多为席状。该地震相反映了在一个沉积区域内相对稳定的、沉积水动力能量中等偏低的沉积相组合。平行席状相主要反映的是湖相及混合沉积，在研究区的主要发育区为曹妃甸5-5 构造区沙一、二段，渤中 36 构造区 BZ36-4-1、BZ36-2-1 和 BZ36-2-W 井沙一、二段，以及井区台地边缘高部位区和断层切割两隆两槽区（图 7-6）。

2. 混合层段地震相特征

实际上，混合层段是隐藏在宏观地震相中的，通过仔细的解读，在发育混合沉积的层段主要识别出三类地震相（图 7-7），分别为亚平行席状、丘状地震相、平行席状相，反射特征表现为超强振幅高连续反射、强振幅高连续反射及中振幅较连续反射。主要发育位置在黄河口东东洼 BZ36-2-W 井沙一、二段及渤南低凸起 BZ36-2-W、BZ36-2-1 和 BZ36-4-1 井沙一、二段，曹妃甸 5-5 构造区沙一、二段，渤中 36 构造区 BZ36-4-1、BZ36-2-1 和 BZ36-2-W 井沙一、二段，以及井区台地边缘高部位区及断层切割两隆两槽区。

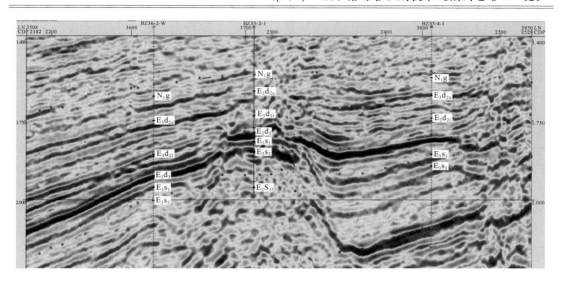

图 7-6 平行席状相（渤中 36-4）

地震相	地震反射特征	分布位置	图示	识别厚度/m
亚平行席状相	超强振幅高连续反射	黄河口东东洼 BZ36-2-W 沙一段	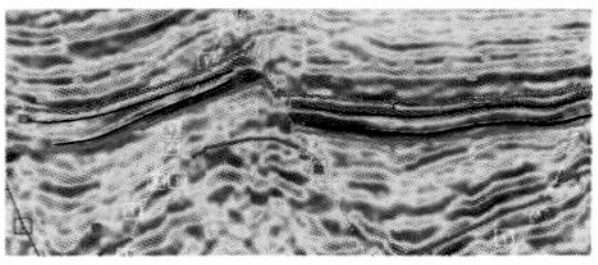	40
丘状地震相	强振幅高连续反射	渤南低凸起 BZ36-2-W, BZ36-2-1, BZ36-4-1 沙一、二段	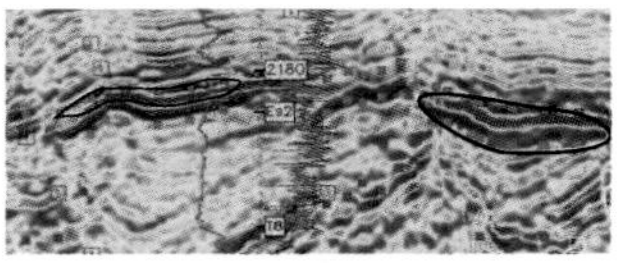	50
	中振幅较连续反射	曹妃甸5-5构造区 沙一、二段	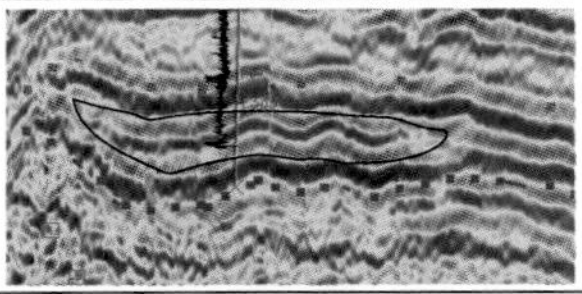	150
平行席状相	强振幅高连续反射	渤中36构造区 BZ36-4-1、BZ36-2-1和BZ36-2-W 沙一、二段井区台地边缘高部位	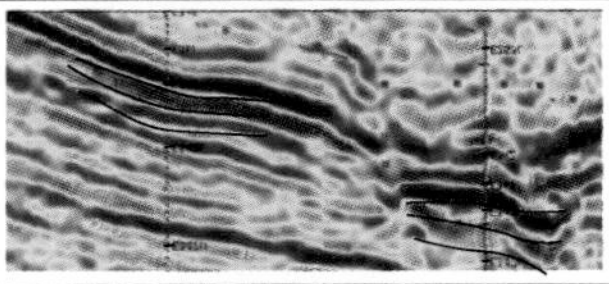	40
	槽内中强振幅反射	渤中36构造区 BZ36-4-1、BZ36-2-1和BZ36-2-W 沙一、二段断层切割两隆两槽区	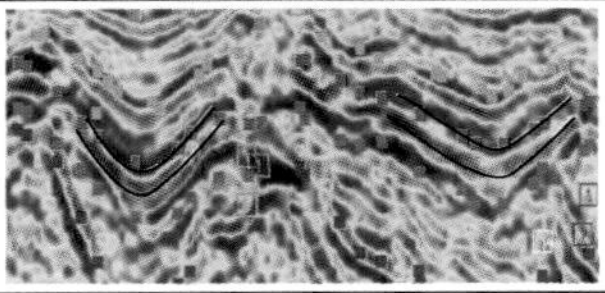	40

图 7-7 渤海地区古近系沙一、二段混积岩层段主要地震相类型

3. 适用性评价

利用地震反射特征识别混积岩方法有自身的适用性，首先，必须要有井-震结合，通过单井的识别在地震上标定混积岩层位，然后再通过分析标定的层位在空间上的延展性来识别混积。其次，混积必须达到一定的厚度才能被识别出来，通过分析，发现识别的下限厚度是40m。实际上，对于渤海湾盆地来说，厚度达到40m以上的混积岩是非常少的，因此，对于研究区来说，借助地震相识别混积岩难度比较大。

7.1.2 测井尺度识别技术

实际上，在地震资料识别度不高的情况下，测井资料就可以作为有益的补充手段用来识别混积岩。因为测井具有连续性，同时又具有较高的精度分辨率，因此可以用来连续地进行识别。

混积岩属于过渡类型的岩性，其测井响应特征复杂多样，岩石组分含量不同的混积岩测井响应具有明显重叠交错现象，不同类型混积岩之间在测井响应特征上没有明显的界线，导致研究区混积岩岩性识别非常困难。针对这个难题，结合岩心实验分析数据和测井资料，详细分析研究区的岩性特征，在岩性简化归类的基础上，确立岩性测井特征，形成一套测井识别混积岩岩性的技术方法。

1. 混积岩岩石学分类

从混积岩岩性测井识别出发，以前述混积岩三端元分类法为基础，结合混积岩储层岩石学及储层品质特征，对渤海海域古近系发育的混积岩进行了"成分-结构"二级岩石学分类，分为粒屑云岩、云质砂岩、云质砂砾岩、泥晶云岩、粒屑灰岩、灰质砂岩、灰质砂砾岩、泥晶灰岩、泥质灰/云岩、泥质砂岩、泥质砂砾岩及泥岩共12类（表7-2），为混积岩岩性识别奠定了基础。

表 7-2 混积岩岩性分类

结构 / 类型	粒屑结构 （生物碳酸盐岩）	砂状结构 （陆源碎屑）	砂砾状结构 （陆源碎屑）	泥状结构 （化学碳酸盐岩/陆源碎屑）
云质	粒屑云岩	云质砂岩	云质砂砾岩	泥晶云岩
灰质	粒屑灰岩	灰质砂岩	灰质砂砾岩	泥晶灰岩
泥质	泥质灰/云岩	泥质砂岩	泥质砂砾岩	泥岩

2. 混积岩测井识别

利用测井资料开展混积岩识别的优势体现在测井资料具有纵向连续性，只要有钻孔的地方就有测井，而且测井曲线多，可应用性较强。另外，测井与地震相结合对混积岩储层的预测具有重要意义。因此，建立混积岩的测井识别技术就非常重要。

混积岩属于过渡类型的岩性，其测井响应特征复杂多样，碳酸盐组分的成分和含量，以及陆源碎屑的成分和结构都对测井曲线响应具有重要的影响，导致研究区混积岩岩性识别非常困难。针对这个难题，将岩心实验分析数据和测井资料结合，详细分析研究区的岩性特征，在岩性简化归类的基础上，确立岩性测井特征，形成一套混积岩岩性的测井识别图版。再利用图版，识别未取心段的混积岩，从而达到从已知到未知的过渡。

基于秦皇岛 29-2 东、渤中 36-2、秦皇岛 36-3、渤中 13-1、蓬莱 14-6 和锦州 20-2 等多个构造取心井的岩心观察、薄片鉴定、全岩等分析化验资料标定岩性，建立渤海古近系沙一、二段混积沉积岩测井识别图版，依据测井曲线混积岩段可以分为五类岩石类型（图 7-8）。

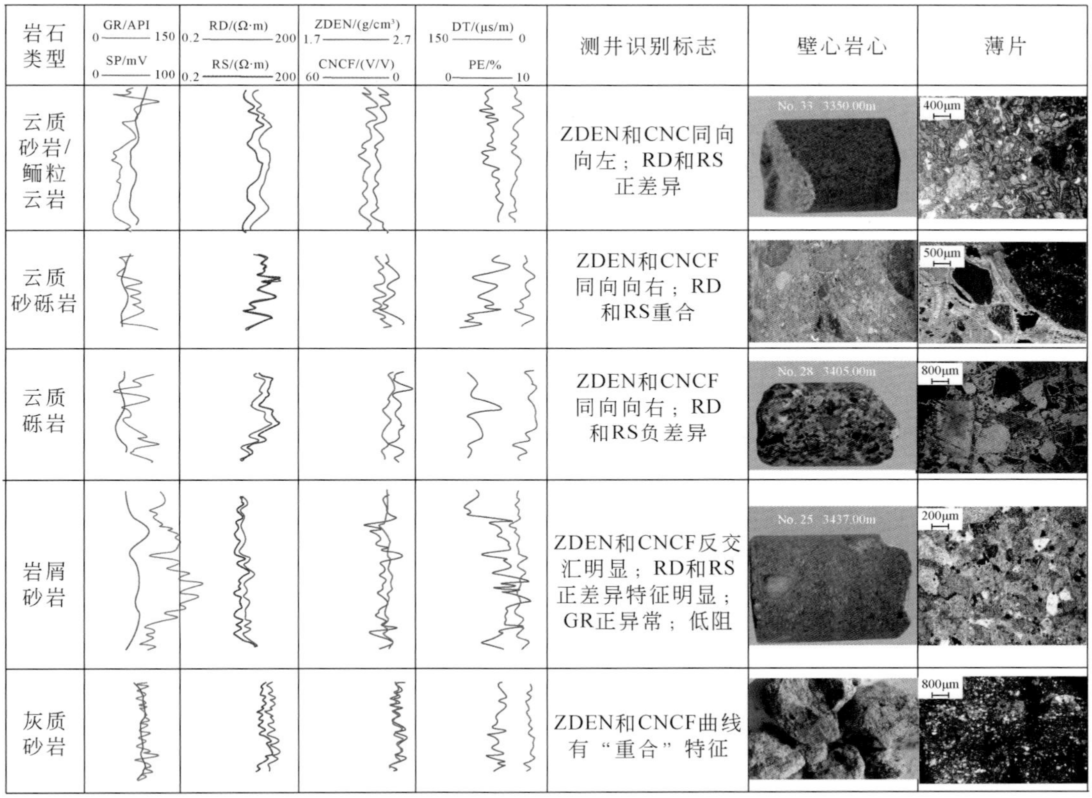
岩石类型
GR/API 0 150
SP/mV 0 100
RD/(Ω·m) 0.2 200
RS/(Ω·m) 0.2 200
ZDEN/(g/cm³) 1.7 2.7
CNCF/(V/V) 60 0
DT/(μs/m) 150 0
PE/% 0 10
测井识别标志
壁心岩心
薄片
云质砂岩/鲕粒云岩
ZDEN和CNC同向向左；RD和RS正差异
No. 33 3350.00m
400μm
云质砂砾岩
ZDEN和CNCF同向向右；RD和RS重合
500μm
云质砾岩
ZDEN和CNCF同向向右；RD和RS负差异
No. 28 3405.00m
800μm
岩屑砂岩
ZDEN和CNCF反交汇明显；RD和RS正差异特征明显；GR正异常；低阻
No. 25 3437.00m
200μm
灰质砂岩
ZDEN和CNCF曲线有“重合”特征
800μm

图 7-8 常见混积岩类储层及其测井响应图版

第一类是云质砂岩/鲕粒云岩，这两种岩石类型在测井曲线上具有极其相似的响应特征，表现为密度（ZDEN）和中子（CNCF）具有正交汇特征，同时深侧向电阻率（RD）和浅侧向电阻率（RS）具有正差异特征，反映这类岩石具有较好的渗透性；光电吸收截面指数（PE）值相对较高，指示碳酸盐组分含量较高；自然伽马（GR）值通常相对较低且齿状特征不明显，反映形成于相对稳定的水体环境。

第二类是云质砂砾岩，这种岩石类型在测井曲线上具有与云质砂岩（或鲕粒云岩）相似的特征，主要表现为 ZDEN 和 CNCF 正交汇，不同是的其 RD 和 RS 重合，GR 的齿状特征较云质砂岩明显，反映水体环境较为动荡。

第三类是云质砾岩，这种岩石类型在测井曲线上的典型特征为 RD 与 RS 具有负差异特征，同时 ZDEN 和 CNCF 具有正交汇特征。

第四类是岩屑砂岩，这种岩石类型 ZDEN 和 CNCF 反交汇特征明显，RD 与 RS 具有正差异，高 GR 反映了含有放射性元素含量较高的火山物质，以中酸性火山岩岩屑砂岩为主。

第五类是灰质砂岩，这种岩石类型的典型测井响应特征是 ZDEN 和 CNCF 具有"重合"特征，并且 ZDEN 相对较大。

综上所述，不同岩石类型对应不同的测井响应特征，通过统计分析各种岩性的不同测井曲线分布范围，揭示自然伽马、光电吸收截面指数及中子曲线在混积岩岩性识别方面具有重要意义。

自然伽马测井反映了岩石所放射出自然伽马射线的总强度，岩石的自然伽马放射性水平主要决定于铀（U）、钍（Th）和钾（K）的含量及其分布情况。泥岩自然伽马值往往较高，灰岩和白云岩的自然伽马值较低，渤海古近系砂砾岩主要成分以中酸性火山岩为主，因此砂砾岩的自然伽马也往往对应高值。统计结果显示 GR 大于 75API，往往指示云（灰）质泥岩或者云（灰）质砂砾岩，而 GR 小于 75API，往往指示云（灰）质砂岩或者粒屑云（灰）岩 [图 7-9（a）]。

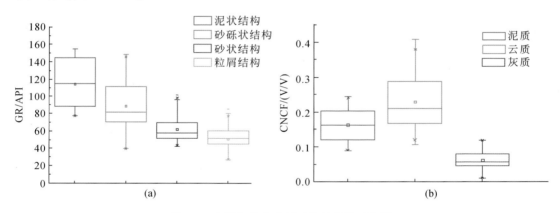

图 7-9　自然伽马和中子对岩性的指示作用

光电吸收截面指数（PE）反映岩石的平均原子序数 Z，由于碳酸盐岩和碎屑岩化学组成截然不同，碳酸盐岩矿物具有较高的 PE，因此可以利用 PE 曲线进行混积岩中碳酸盐相对含量定性识别，如果 PE 大于 4.0%，则指示碳酸盐组分含量较高，而 PE 小于 4.0%，则指示泥质组分含量较高。

CNCF 测井实质是测量氢的含量，对沉积岩来说，补偿中子测井主要受孔隙流体中氢的影响；火成岩则主要受组成岩石的矿物，以及孔隙和裂缝中流体含量的影响；而对混积岩来说主要反映了泥质、方解石和白云石的相对含量，泥岩由于具有较高的 GR 值易于区分，饱和淡水的纯白云岩（石）的宏观减速能力大于石灰岩（石），因此可以用 CNCF 来对方解石和白云石进行有效区分。研究区各类岩性统计结果显示，混积岩中如果富含方解石，则 CNCF 往往小于 0.12，而如果混积岩中富含泥岩或者白云石，则 CNCF 往往大于 0.12 [图 7-9（b）]。

为检验应用效果，选取 BZ27-2-1 井为例，采用上述图版对沙二段混积岩发育段进行岩性校正。BZ27-2-1 井 3804～3820m 混积岩发育井段测井曲线 ZDEN 和 CNCF 具有正交汇特征，并且 GR 值通常相对较低且齿状特征不明显，依据图版判断岩性为云质砂岩；另外该井段内 GR 平均值为 58.3API，以及 PE 评价含量 4.9%反映该岩石富含碳酸盐组分，CNCF 平均值为 0.15V/V 反映岩石碳酸盐组分以白云石为主，结合录井信息判断为云质砂岩（图 7-10）。为验证其正确性，统计 BZ27-2-1 井 3811m、3814m、3817m、3825m 和 3837m 五颗壁心全岩中白云石和方解石含量，结果表明白云石质量百分数远大于方解石质量百分数，其中白云石质量百分数为 20%～58%，平均 34.4%，方解石含量为 1%～5%，平均 1.8%（图 7-10）。

3.适用性评价

利用测井资料开展混积岩识别是对地震识别技术的有效补充。其优势体现在以下几个方面：①识别精度提高，测井曲线具有较高的垂向高分辨率，识别精度可以达到"米"级，具有地震资料无法比拟的精度优势；②连续性优势，测井资料另外一个优势就是具有连续性，只要有钻孔的地方就有测井，而且测井曲线多，识别性强。因此，在实际操作过程中，一般要通过岩心进行测井曲线的标定，即在混积岩发育的层段，通过取心段与测井曲线的相互校正，提取敏感性曲线和敏感性参数，建立混积岩测井识别标准，再利用这些标准，识别未取心段的混积岩，从而达到从未知到已知的过渡。但是，测井曲线并不是万能的。其局限性在于测井曲线对于混积岩的识别率仅仅只有 75%左右，因此，有些混积岩并不能被识别出来。

7.1.3　岩心尺度识别技术

在地质研究中，岩心实际上是最直接的证据，也是最有效的手段。很多地质现象、地质认识、地质理论均来自对岩心的观察和认识，对于混积岩的直观认识也不例外。在本书研究中，接触到的第一手资料就是岩心。因此，对于混积岩的最初识别均需要依托于岩心。但是，岩心与手标本一样，也有其自身的局限性，表现在对于混积岩认识很初级，只能识别是混积岩，但不能进一步识别构成成分，因此也只能给一个粗略的定名。在对手标本分析的基础上，还有一项重要的工作就是借助薄片进行混积岩识别，这个属于微观尺度。从薄片上可以进行组分鉴定，可以进行标准的定名，同时薄片还可以与手标本相互校正，弥补手标本鉴定的不足，如在对 QHD29-2E 构造混积岩分析的过程中，由于该区域受物源影响比较大，陆源碎屑含量多，因此在鉴定某些手标本的时候会发现基本上都是陆源碎屑，有时就会将其定名为碎屑岩，但是通过薄片校正后发现成分中还含有大量的生物成分，包括鲕粒等，其实质为混积岩，而非碎屑岩（图 7-11）。

7.1.4　综合识别技术

实际上，每一种混积岩识别方法都有其优点和劣势，因此，在具体的应用过程中，需要针对不同的资料采取不同的方式力求达到最佳效果。一般来说，研究者会同时面对地震、钻井、岩心这三种资料，所以在研究过程中实际上三种识别手段都是需要的，只是在不同的阶段面对不同的资料采取的解读方法不同而已。

第一步：解读手标本，并辅助岩石薄片，对取心段的混积岩进行精确识别和定名。这是最关键的一步。

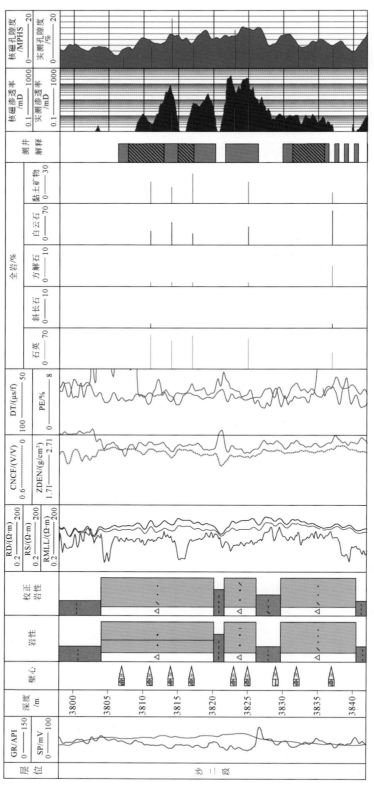

图7-10　BZ27-2-1井沙二段混积岩发育段岩性校正前与校正后对比图

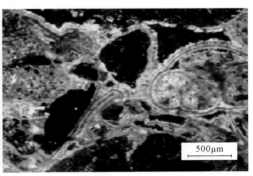

(a) 手标本（细砂岩）　　　　　　　（b) 镜下鉴定（白云质含生物碎屑砾岩）

图 7-11　不同尺度下岩性识别的差异性

第二步：取心段测井曲线属性提取，建立相关研究区混积岩识别测井图版。这一步是个桥梁，是沟通已知到未知的关键。利用建立的模板，对未取心段开展混积岩识别，最终达到对全井段的混积岩整体认识。

第三步：在上述两步的基础上，利用井-震标定技术，建立单井与地震资料的联系，将单井上识别出的混积岩精确标定在地震剖面上。然后利用地震资料的横向延展性进行混积岩发育范围的追踪，最后利用三维地震成图技术，勾绘出混积岩的平面分布范围，从而达到从细小到粗犷，从微观到宏观的识别目的（图 7-12）。

无论是在岩心尺度上借助宏观观测与相关实验分析技术的精细识别，还是测井曲线的识别技术以建立全井段的混积岩垂向分布序列，均难以满足渤海少井资料背景对混积岩横向展布的刻画需求。一般来说，研究者面对的是极少量的岩心资料、少数的钻井，以及一些三维地震资料，这种情况下，在充分利用岩心、测井识别的基础上，建立混合沉积及混积岩发育分布模式，利用地质模式指导下的地震识别技术，将单井上识别出的混积岩精确标定在地震剖面上，然后利用地震资料的横向延展性进行混积岩发育范围的追踪识别，是当前技术条件下最为可行的综合识别技术方法。

1）典型混积岩基本岩石物理参数特征

岩石物理参数特征决定了其地球物理属性特征，是利用地震资料进行识别预测的基础。混积岩岩石类型复杂多样，受碳酸盐岩含量、颗粒大小、结构特征等因素影响，其密度、速度、波阻抗等岩石物理参数变化较大，下面用典型井具体说明分析。

QHD36-3 构造主要岩性相类型为砂质生物碎屑云岩相、（含）砂（质）生物碎屑泥晶云岩相和含生物碎屑砂砾岩相。相同的岩性物性也有一定差异。通过纵波阻抗与伽马测井曲线交会（图 7-13），从纵波阻抗值难以将不同的岩性分开，特别是将混积岩与碎屑岩分开，也就是说不同的岩性在地震反射上没有明显的界面，从波阻抗曲线上也可以看出，曲线较为平直，仅在物性较差的生屑云岩和灰岩处有明显跳跃，但混积岩和碎屑岩的波阻抗与 GR 值均存在线性关系，通过该线性关系可以将混积岩与碎屑岩进行区分。

通过速度与密度交会（图 7-14），可以看出，泥岩和细砂岩为低速中、低密，砂砾岩为中速中密，砂屑云岩和砂屑灰岩为中、高速中密，云质泥岩为中速高密，含螺生屑云岩速度、密度变化较大，3762～3777m 含螺生屑云岩物性好，孔隙度为 25%～40%，平均

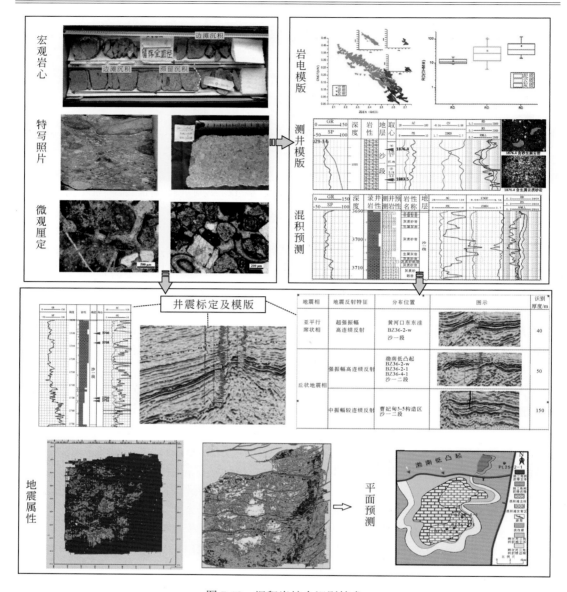

图 7-12 混积岩综合识别技术

达 29%，测井解释为油层，为低速低密，而 3787～3796m 含螺生屑云岩物性差，孔隙度 8%～15%，平均仅为 12%，测井解释为差油层，为高速高密，说明物性对密度影响较大。

JZ20-2 构造带混积岩厚度不大，主要发育以生物为主的混积岩相，岩性相对比较简单。以 JZ20-2-2 井为例，岩性仅有泥质云岩和生物云岩。从波阻抗与伽马曲线的交会图（图 7-15）中可以看出，GR 值对不同岩性的区分较明显，页岩＞泥质云岩＞生物云岩。但从波阻抗值上看，除下伏的角砾岩波阻抗最大，容易区分外，泥质云岩和生物云岩与页岩的差别不大。所以据此分析从地震同相轴上难以区分混积岩与碎屑岩。

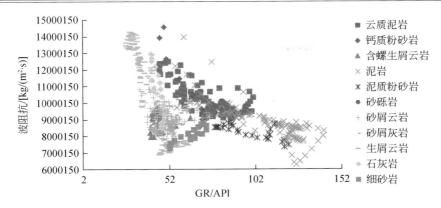

图 7-13　QHD36-3-2 井纵波阻抗与伽马交会图

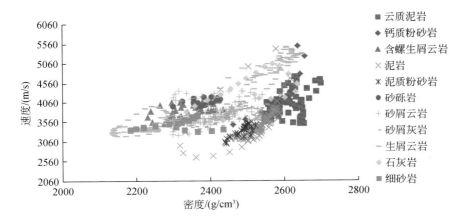

图 7-14　QHD36-3-2 井速度与密度交会图

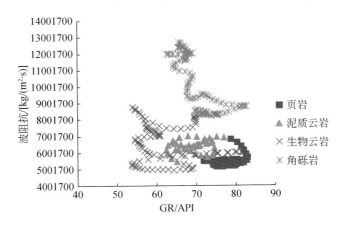

图 7-15　JZ20-2-2 井纵波阻抗与伽马交会图

从密度和速度交会图（图 7-16）分析，生物云岩为中速低密，泥质云岩为中速高密，页岩为低速高密，角砾岩为高速高密。可以通过密度、速度有效地区分出不同的岩性。

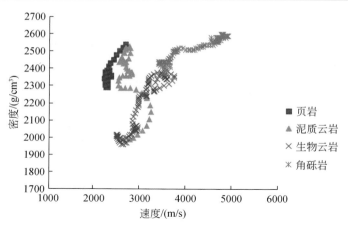

图 7-16　JZ20-2-2 井速度与密度交会图

通过分析不同区块的岩石物理特征，可以看出由于混积岩的岩性较复杂，而且物性存在差异，造成地震岩相复杂（图 7-17），在速度和密度交会图上不同岩相之间常呈现不同程度的重合现象，仅仅依靠地震资料在常规的地震剖面上来识别混积岩岩性存在较大困难，而以混合沉积发育的地质模式为指导，结合具体钻井、地震资料，综合识别混积岩分布往往能取得一定的效果。

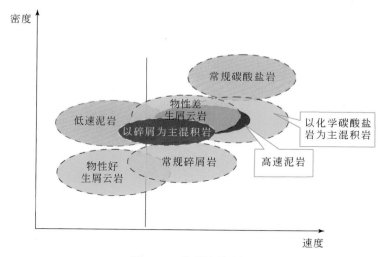

图 7-17　典型地震岩相

2）地质模式指导下的地球物理综合识别技术

混合沉积形成的地质背景不同，其沉积发育样式与沉积模式也存在较大差异，利用好不同沉积背景下的混合沉积发育模式特征，把握住混合沉积发育区与常规碎屑岩之间的差异响应关系，是进行地球物理综合识别的关键。

基于钻井资料与混合沉积地震响应特征综合研究，建立了不同类型混积型储层的宏观地震相识别模板，包括近岸混积扇地震相、近岸混积滩地震相、近岸混积坝地震相、远岸混积滩地震相和远岸混积坝地震相（图 7-18）。结合古地貌背景分析，可以进一步判别目标区混合沉积发育位置与混积型储层宏观发育特征。

混合沉积类型	沉积特征	地震反射特征	典型地震剖面	实例
近岸混积扇	近源陆坡背景，生物发育于物源供给间歇期，薄层混积滩与三角洲垂向叠置	楔形反射形态，波组呈中强振幅中连续反射	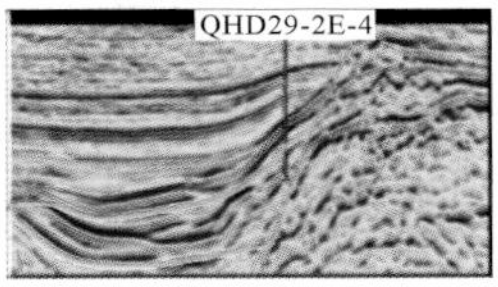 QHD29-2E-4	秦皇岛29-2E
近岸混积滩	发育于辫状河三角洲间歇期，混积滩垂向上与辫状河三角洲叠置	席状反射形态，波组呈强振幅连续亚平行反射	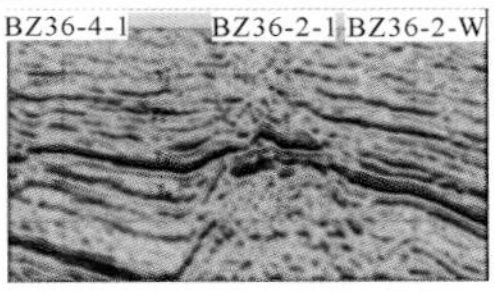 BZ36-4-1　BZ36-2-1 BZ36-2-W	渤中36-2
近岸混积坝	发育于三角洲沉积体侧翼，半封闭湖湾带，利于生物发育，形成生屑为主的厚层混积坝	近似丘状反射形态，波组呈中高频中强振幅中连续反射，与临近三角洲相比，频率较高	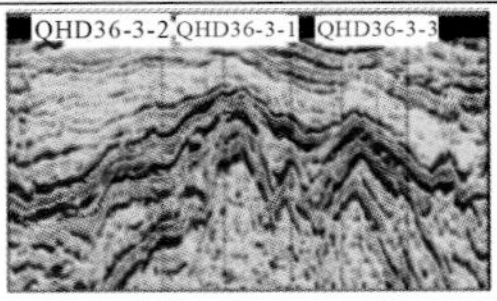 QHD36-3-2 QHD36-3-1 QHD36-3-3	秦皇岛36-3
远岸混积滩	发育于三角洲沉积体前端，受物源影响较弱，一般具有古隆起地貌背景	丘状反射形态，波组呈中振幅较连续反射	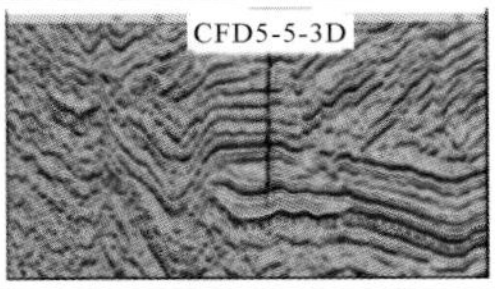 CFD5-5-3D	曹妃甸5-5
远岸混积坝	发育于水下隆起基底之上，生物发育，岩石物性较好，与上覆围岩密度差异较小	丘状反射形态，波组呈中弱振幅较连续反射	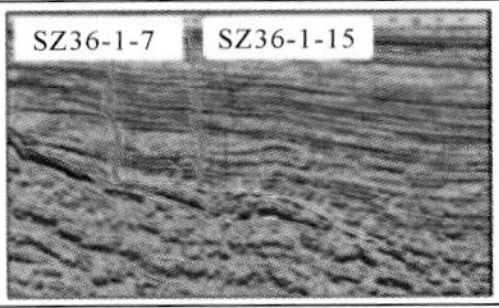 SZ36-1-7　SZ36-1-15	锦州20-2 绥中36-1

图 7-18　不同类型混合沉积地震响应特征模板

　　针对不同类型混合沉积储层，结合岩石物理参数分析，建立了混积型储层地震正演预测模型。以秦皇岛 29-2 东构造近源混积扇为例，从近源碎屑岩扇体与近岸混积扇岩电特征的差异入手，结合地震模型正演等技术方法，对二者的地震响应特征做了初步探讨，以期为地震技术描述混积型储层提供参考依据。在岩电特征方面：近源碎屑岩扇体具有低密度、高速度特点，而近岸混积扇体因碳酸盐岩含量高则具有明显的高密度、高速度特征。这种岩电特征的差异在地震上则表现为反射特征的差异性，从部分已钻井地震合成记录中可以看出近源碎屑岩扇体表现出顶界面中振幅，内部弱反射特征；而厚层混积型储层表现出顶界面强振幅，内部中等振幅反射特征。根据岩电特征得出二者相邻伴生发育模型，地震正演结果表明了地震反射特征的差异性（图 7-19）。这种差异性为地震资料识别混积型储层提供了理论依据，与宏观地震相与相关地震属性分析相结合，可以比较准确地识别出其平面分布范围。

　　在以上地震相分析与模型正演技术应用的基础上，针对不同类型混积型储层，采取多属性分析技术，刻画并预测储层展布特征。以旅大 16-3 北构造为例，古地貌分析表明，该区具有古隆起的沉积背景，利于混合沉积发育。前期在旅大 16-3 南构造钻遇辫状河三角洲前缘，在旅大 16-3 构造钻遇辫状河三角洲侧翼及碳酸盐岩浅滩，从地震相特征来看，区别于南部辫状河三角洲发育区，旅大 16-3 北为更稳定强反射特征，具有发育混合沉积的潜力，因此，钻前利用地球物理多属性分析，优选均方根振幅属性，对研究区混合沉积潜在发育范围进行了刻画。LD16-3N-1 井的钻探结果也证实，该区发育近岸混积滩亚相（图 7-20）。

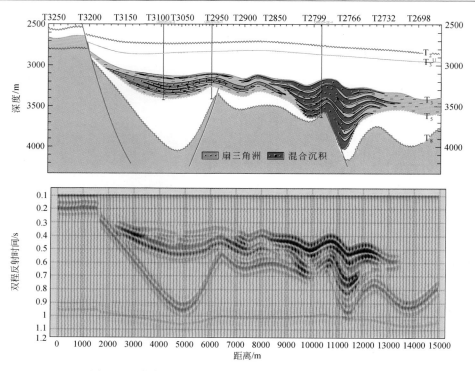

图 7-19 秦皇岛 29-2 东构造近岸混积扇混积体模型正演

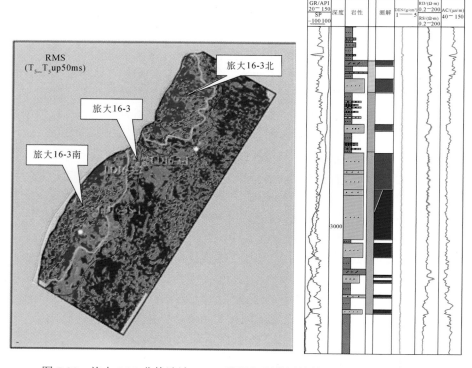

图 7-20 旅大 16-3 北构造沙一、二段混积型储层钻前识别预测与钻探成效

7.2　混积岩预测思路

7.2.1　混积岩预测难点

在钻前预测混积岩发育特征是十分困难的，特别是对陆相湖盆中发育的湖相混积岩的预测更是一道世界性难题。

首先，从地质认识来说，混积岩作为介于碎屑岩与碳酸盐岩直接的一种特殊过渡类型，其岩石结构类型非常复杂，在陆相断陷盆地，混积岩的纵横向分布特征受古地貌、古水体、古气候等多种古地质背景环境的共同控制，在无井区，难以从地质认识上预测某个构造区混积岩的发育程度。再者，根据渤海已经发现的近 20 个构造区近百口探井发育的混积岩来看，湖相混积岩发育的规模与大型三角洲相比要小得多，其厚度多为几米至十几米，厚度大于 20m 的混积岩仅在个别构造局部发育，而像秦皇岛 29-2 东构造 4 井区厚度达 200m 以上的发育条件更加苛刻罕见，加上储层非均质性影响等，复杂的地质条件决定了其钻前的难以预测性。

其次，地震资料品质是制约混积岩预测的另一个重要的客观因素。无井区预测混积岩离不开地震资料，而以目前渤海海域地震资料的品质及分辨率客观上是非常困难的。渤海古近系混积岩埋深一般在 2500m 以下，在环渤中凹陷区多数埋深在 3000~4000m，而在此深度范围地震资料能量及频率大幅衰减，可分辨的地层或岩石厚度急剧减小。据统计，渤海海域古近系中深层的地震资料主频一般在 15Hz 左右，以 4000m/s 的层速度计算，其分辨率也在 50m 以上，客观上远满足不了识别预测混积岩储层的要求。另外，受采集、处理、复杂的地震背景等各方面因素影响，深层地震资料品质普遍较差，给混积岩储层预测带来了更大的困难和不确定性。

7.2.2　混积岩预测思路与方法

针对上述混积岩发育的地质特征，结合渤海勘探及地震资料现状，采用多因素耦合的混积型储层预测思路与方法，在勘探实践中取得了一定成效。具体来说就是综合水体环境、物源条件、古地貌背景及成因样式等多因素分析，建立成因环境耦合约束下的"选层—选区—选带—目标优选"的混积型储层预测流程，最后结合地质模式指导下的地球物理综合识别预测技术，预测混积岩分布特征。

1. 水体环境分析确定有利层系

陆相断陷湖盆中混积岩的发育，首先要有湖相碳酸盐岩发育的水体气候条件。研究表明，温润的气候、一定的水体盐度有利于碳酸盐岩的发育。根据渤海海域区域地质背景研究，在古近系沙四段—沙三下亚段，沙一、二段沉积时期气候处于干旱-温润转换，湖盆水体为微咸水-半咸水的环境，水体盐度高，有利于藻类、腕足类、腹足类生物的生长发育，是最有利于湖相碳酸盐岩发育的地质背景，也是寻找混积岩的有利背景。渤海勘探实践表明：渤海钻遇规模型混积岩探井共 96 口，混合沉积发育于沙一、二段的探井占 79 口，沙四段—沙三下亚段埋深大，在渤海钻井中非常稀少，但仍有 13 口井揭示了混积岩的发育，预测随着渤海勘探程度的深入，在沙四段—沙三下亚段必将有更多的混积岩发现。

2. 物源类型分析确定有利发育区

众所周知，湖相碳酸盐岩与碎屑岩发育呈相互消长的关系，因此，长期大规模发育的碎屑岩发育区必然不利于碳酸盐岩发育，当然不会有规模型的混积岩发育。渤海海域作为一个典型的陆相断陷盆地，盆地东西两侧分别有胶辽隆起带和燕山褶皱带两个长期大型隆起区，提供的碎屑物源供给非常充沛，在周围 14 条古水系的影响下，继承发育有多个大型三角洲沉积体系。同时，盆内大型凸起如沙垒田凸起、石臼坨凸起，形成时间早、凸起面积大，长时间遭受剥蚀，陆源碎屑供给能力较强，多个短源型三角洲环凸起周边分布。这些大型物源大水系发育区不利于混积岩发育，在大型、充足物源的影响下，碳酸盐矿物的生长受到严重抑制，从而缺乏发育混合沉积的先决条件。渤海勘探实践表明，92%已钻遇混合沉积发育在不受外源大水系或盆内大型凸起周边水系影响的区域；极少数发育在外源沉积体远端或侧翼，同样为外源大型沉积基本影响不到的区域。

3. 古地貌特征分析确定有利发育带

古地貌背景特征是影响混积岩发育的重要因素，浅水环境下的水下正地形最为有利。水下正地形即包括传统认识意义上的水下低隆区、浅水斜坡区，也包括近源水下扇体废弃后形成的局部高地区，这些正向构造单元在浅水环境下易于受到波浪、湖流作用影响，利于碳酸盐矿物生长与粒屑颗粒的形成，是混合沉积发育的有利古地貌类型。对渤海近百口钻遇混积岩的探井统计分析表明：有91%的探井其混合沉积均发育在盆内低凸起、凸起倾末端、水下低隆、浅水斜坡等古地貌高地背景下。

4. 利用成因样式预测有利目标储层质量

不同的成因样式决定了混合沉积的原生沉积特征，也从根本上影响了储层的物性与质量，对不同类型的混积型储层的综合评价表明，近岸混积扇、湖湾型近岸混积滩坝、硬底型远岸混积滩坝在沙一、二段地层中发育程度较高，产出厚度与平面规模较大，同时碳酸盐粒屑含量较高，易形成物性条件较好、产能较高的优质储层，是比较有利的混合沉积勘探类型，而低隆型近岸混积滩坝与软底型远岸混积滩坝发育程度较低，单层厚度较薄，平面规模也较小，同时，由于粒度较细，碳酸盐颗粒含量较低，而泥晶/亮晶碳酸盐含量高，导致储层物性较差，实际产能较低（表 7-3）。

表 7-3　不同类型混积型储层综合评价

混积类型	沉积背景	沙一、二段地层中的发育程度	产出厚度	平面规模	粒屑含量	物性（平均孔隙度）	产能	实例
近岸混积扇	近源陡坡，与扇三角洲伴生	50%~60%	厚度大，百米以上	较大	20%左右	17.8%	较高	秦皇岛29-2E
近岸混积坝	湖湾型（扇体侧翼）	80%左右	厚度较大，十几米至几十米	局限	60%左右	27.6%	较高	秦皇岛36-3

续表

混积类型	沉积背景	沙一、二段地层中的发育程度	产出厚度	平面规模	粒屑含量	物性（平均孔隙度）	产能	实例
近岸混积滩	近岸隆起型（近岸隆起高能环境）	10%～20%	厚度较小，小于5m	局限	30%～40%	13.7%	较低	渤中36-2
远岸混积坝	硬底型（远岸基底隆起背景）	80%	厚度大，几米至十米	较大	60%～70%	23.2%	较高	锦州20-2
远岸混积滩	软底型（远岸湖相泥岩背景）	<10%	厚度小，一般不超过1m	局限	10%左右	6.5%	较低	秦皇岛30-1

第8章　混合沉积勘探实践

"十二五"以来，在前述地质认识的指导下，通过勘探实践以及对已发现油气田的重新认识，在18个油田及含油气构造的古近系发现了不同成因类型、不同储层特征的混合沉积。以混积型储层为主要目的层或次要目的层，渤海油田在中深层开展了技术攻关并进行勘探实践，获得了众多勘探突破与发现。

不同成因类型的混合沉积广泛分布于渤海海域盆地。与近源扇三角洲伴生的混合沉积主要发育于盆内凸起的陡坡带，以石臼坨凸起东段北侧陡坡带的秦皇岛29-2东构造为典型代表。湖岸型混合沉积主要发育在近源陡坡背景或者斜坡背景，以石臼坨凸起东段南侧陡坡带的秦皇岛36-3构造、辽西低凸起中段东侧斜坡带的绥中36-1构造为典型代表，均发育于碎屑岩沉积体系的侧翼，基本不受陆源碎屑的直接影响。与辫状河三角洲伴生的混合沉积以渤南低凸起南侧斜坡带的渤中36-2构造、渤中27-2构造，辽西低凸起南侧倾末端的旅大25-1构造为典型代表，生屑及碳酸盐组分的发育主要受隆起的地貌特征所控制。孤立隆起型混合沉积主要发育于洼中隆起的地貌背景之上，基本不受陆源碎屑的干扰，如发育于潜山基底之上的辽西低凸起北段的锦州20-2构造、渤中凹陷西南部的渤中13-1构造、南堡凹陷的曹妃甸2-1构造，以及发育于泥质基底之上的典型代表辽西低凸起南侧倾末端的秦皇岛30构造区。

不同类型的混合沉积储层厚度存在较大的差异性，单层厚度2～30m，累积厚度15～200m。与扇三角洲伴生的混积型储层厚度最大，单层厚度可达30m，沙一、二段内累积厚度可达200m；湖岸型混合沉积储层较大，平均累积厚度25～40m；与辫状河三角洲伴生的混积型储层厚度相对较薄，单层厚度2～10m，平均累积厚度约15m；发育在泥质基底隆起之上的混积型储层厚度较小，单层厚度2～5m，累积厚度<15m，而潜山基底隆起之上的混积型储层厚度相对较大，平均累积厚度15～20m。

不同类型的混积型储层物性与油气产能也存在较大差异。在埋深大于3500m的条件下，渤海海域混积型储层物性从低孔低渗到高孔高渗均有分布。与扇三角洲伴生的混积型储层油气产能最高，以秦皇岛29-2东构造为例，日产可达千立方米以上；潜山基底隆起之上的混积型储层也具有较好的产能，包括渤中13-1、锦州20-2、曹妃甸2-1等构造，日产310～620m^3，平均日产470m^3；与辫状河三角洲伴生的混积型储层产能差异较大，旅大25-1构造发育岩石成分较为纯净的厚层含生屑砂质滩坝，日产可达千立方米以上，渤中36-2构造等发育碳酸盐粒屑含量较高的薄层混积型储层，日产也可达百立方米以上，而渤中27-2构造发育薄层灰质砂岩储层，由于生屑等含量较低，日产仅有36m^3。

尽管混积型储层在成因类型、规模、物性、产能等方面存在明显的差异性，但岩石粒度较粗、生屑含量较高、白云石化作用普遍发育等特征使得混合沉积具有形成优质储层的优越条件，尤其是秦皇岛29-2东构造和旅大25-1构造在沙一、二段均获得了日产超千立方米的测试产能，展现了混合沉积领域巨大的勘探前景。

8.1　秦皇岛 29-2 东构造

8.1.1　地质概况

秦皇岛 29-2 东构造位于石臼坨凸起东倾末端北侧边界断裂下降盘的断坡带上，表现为一系列北倾的断鼻、断块圈闭，构造范围内水深约 27m。该构造钻井自上而下依次揭示第四系平原组，新近系明化镇组、馆陶组，古近系东营组、沙河街组以及古生界地层。秦皇岛 29-2 东构造背靠石臼坨凸起，近邻油源充足的秦南凹陷，主要目的层沙一、二段储层发育，储盖组合优越，具有优越的油气聚集成藏地质条件。该构造在埋深 3500m 处获得超过 1000m³ 的测试产能，勘探评价为储量超亿吨的高品质油田，显示了该区域混积岩储层巨大的勘探潜力（图 8-1）。

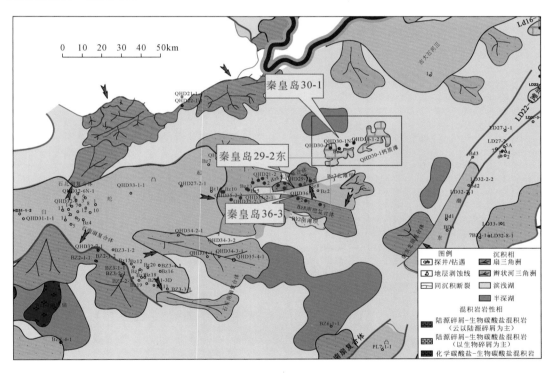

图 8-1　秦皇岛 29-2 东构造带位置

8.1.2　混合沉积特征

1. 沉积特征

秦皇岛 29-2 东构造带是与扇三角洲伴生的近岸混合沉积构造带，受近源沉积的影响较大。主要岩石学组构为陆源碎屑，混积岩类型是以陆源碎屑为主的混积岩，可以识别出含生物碎屑细砾岩相，含生物碎屑中、细砂岩相等岩性相类型（图 8-2）。在取心段可观察到

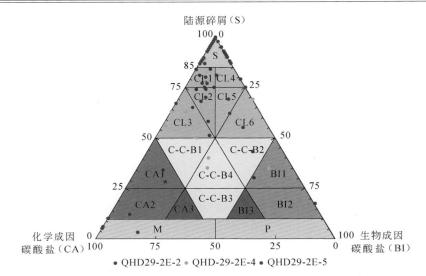

图 8-2　秦皇岛 29-2 东构造带岩性三角图（单位：%）

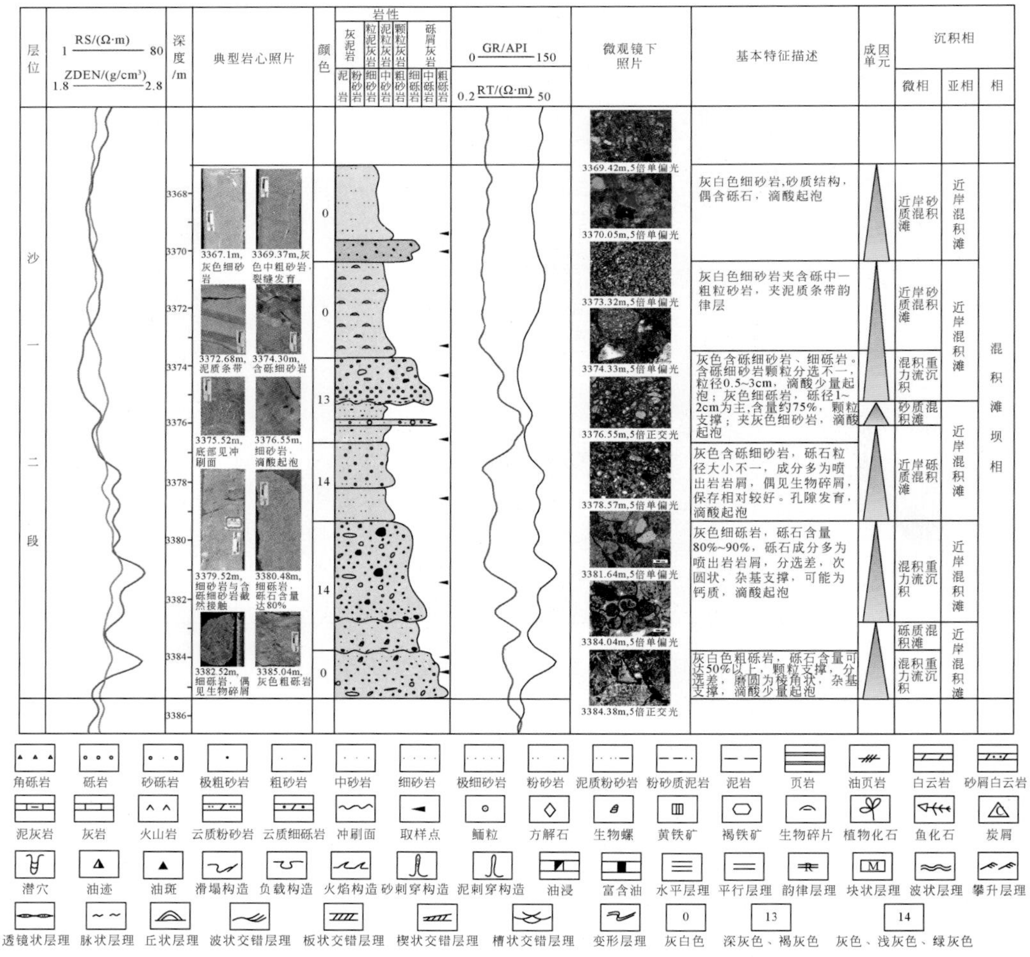

图 8-3　QHD29-2E-5 井取心段精细解释图

的岩石类型包括灰色含砾细砂岩、细砾岩等，其中砾石颗粒分选不一，粒径在 0.5~3cm，含量在 75%~90%，其成分多为喷出岩岩屑，分选差，呈次圆状，杂基支撑。生物碎屑损坏较严重，手标本和微观照片中都可以看到生物铸模孔。岩性相主要为砂质或砾质碎屑岩，生物碎屑以粒屑的形式零散分布于陆源碎屑颗粒之间（图 8-3、图 8-4）。

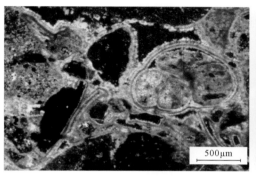

(a) CL1：含生物碎屑细砾岩相

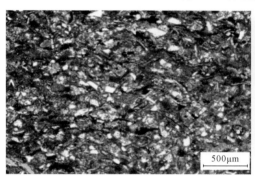
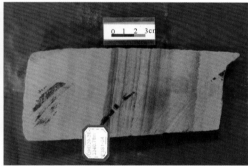

(b) CL2：含生物碎屑中—细砂岩相（QHD29-2E-5，3340.78m）

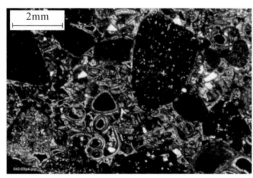

(c) QHD29-2E-5，3380.95m，正交光　　(d) 大量生物碎屑铸模孔（QHD29-2E-5，3380.58m）

图 8-4　QHD29-2E-5 井混积岩段主要岩相

从沉积构造上看，通过对岩心的观察和分析，可以看出秦皇岛 29-2 东构造带发育有不同类型的准同生变形构造，如负荷构造、火焰状构造、微断层、包卷层理（层内揉皱）等，这些沉积构造反映出了前缘快速沉积的环境，是混合沉积形成于重力作用下的识别标志（图 8-5）。

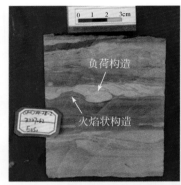
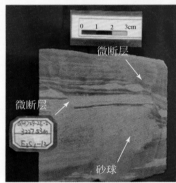

图 8-5　QHD29-2E-2 井变形构造

秦皇岛 29-2 及周边构造带钻井层序地层对比结果表明，秦皇岛 29-2 东构造混合沉积主要发育位置在沙一段三级层序的湖扩体系域中和沙二段三级层序的高位体系域时期，该构造的沙一、二段的混积岩发育的垂向厚度相对都比较大，横向上发育连续性较好，展布较为稳定，但平面分布具有一定的局限性（图 8-6）。

受控于陡坡带活动性较强的边界断裂，单层厚度较大，2～8m，垂向上表现为进积、加积的序列，叠置厚度较大，由于与扇三角洲伴生，地震上整体呈现楔形体形态，地震相呈现强振幅高频率弱连续反射特征（图 8-7）。

综合上述岩性相、沉积构造、层序发育及地震响应特征，认为该地区沉积相发育近岸混积扇相，可识别出近岸混积扇根、近岸混积扇中、近岸混积扇缘等亚相类型（图 8-8）。

2. 成因机理

秦皇岛 29-2 东构造沉积的主要特征是砂质或砾质碎屑岩夹少量生物碎屑沉积。混积岩的形成主要受控于物源体系、水流作用及局部古地貌。其中物源主要来自东侧潜山，且为近源沉积，除此之外其周边的一些局部物源对该构造带也具有一定的影响，秦皇岛 29-2 东构造区物源供给间歇期较短，在供给间歇期生物得到良好的生长环境和空间，因此发育生物滩，后期强烈的物源供给形成的扇体冲刷改造先期生物滩，形成以重力流成因的混合滩或者坝。相对较弱的物源供给期，则在水流作用下形成早期生物碎屑与晚期陆源碎屑混合的具牵引流成因的混合滩。局部古地貌对秦皇岛 29-2 东构造带产生的影响主要是凹岸的汇聚作用，生物在凹岸地形区容易聚集（图 8-9）。

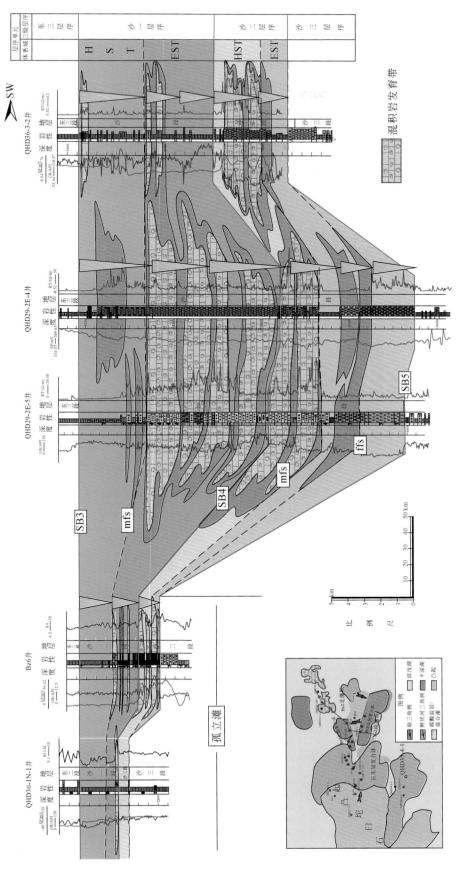

图 8-6　QHD292E混合沉积剖面-修改

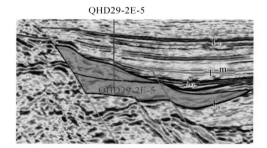

图 8-7 渤海海域秦皇岛 29-2 东构造带地震反射特征

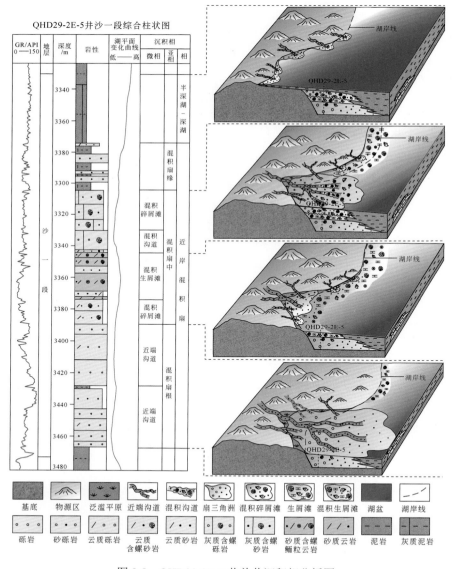

图 8-8 QHD29-2E-5 井单井沉积相分析图

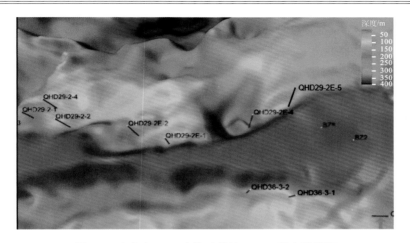

图 8-9 秦皇岛 29-2 东构造带沙一、二段古地貌图

8.1.3 混合沉积储层特征

1. 岩石学特征

秦皇岛 29-2 东构造带是与扇三角洲伴生的近岸混积岩构造带，受近源沉积的影响较大。岩石类型以陆源碎屑为主的混积岩占主体，以碳酸盐和生物碎屑为主的混积岩次之。前者主要以含生屑的含砾中、粗砂岩为主，含生屑的细砾岩、细砂岩次之，局部见含碳酸盐的细砾岩、含砾细砂岩等，分选差，该类混积岩中含有大量的砾石和岩屑，主要以中酸性喷出岩岩屑为主，含量在 20%~98%，砾石粒径在 0.5~5cm，平均含量约 74%，粒间胶结物主要以（含铁）白云石为主，方解石次之，颗粒表面普遍发育泥晶白云石包壳；生物碎屑主要以螺类和介形虫为主，螺类化石保存比较完整，介形虫破碎严重。以碳酸盐和生物碎屑为主的混积岩主要为生屑云岩，含陆源碎屑的云岩和灰岩次之，常呈夹层分布在以陆源碎屑为主的混积岩或碎屑岩之间。

2. 储层物性特征

秦皇岛 29-2 东构造带沙一、二段储层孔隙度为 0.5%~35%，平均 15%，渗透率为 0.01~767.4mD，平均 13mD。储层孔隙类型以低孔、特低孔为主，中、高孔次之，局部发育特高孔；渗透率以超低渗为主，特低渗、低渗次之，少量为中渗（图 8-10）。其中，含螺、含生屑的砂岩储层物性整体较好，不含螺和生屑的砂岩储层物性整体差。

3. 储集空间类型

秦皇岛 29-2 东构造混合沉积储层的主要储集空间以溶蚀孔和生物体腔孔为主，原生粒间孔和晶间孔次之，局部见裂缝。溶蚀孔主要表现为中酸性火山岩、长石等颗粒内部和边缘的不规则溶蚀，以及碳酸盐胶结物等的溶蚀，局部见少量石英的溶蚀和裂缝。颗粒溶蚀形成蜂窝状或不规则港湾状形态，局部发育颗粒被强烈溶蚀形成的铸模孔。生物体腔孔主要为螺类和介形虫骨架内部残留的孔隙，螺类复杂的骨架有利于生物体腔完整性的保存，而介形虫简单的骨架更容易破碎，不利于生物体腔孔的保存。原生粒间孔隙主要为骨架颗粒之间受压实作用和胶结作用后残余的孔隙。

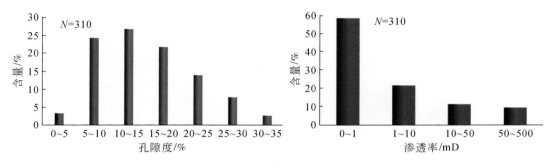

图 8-10　秦皇岛 29-2 东构造带储层物性分布直方图

4. 成岩作用特征

秦皇岛 29-2 东构造沙一、二段储层处于中成岩 A 期，主要经历了压实作用、胶结作用和溶蚀作用。

1）压实作用

该区混合沉积储层现今的埋深为 3200～3600m，受到上覆地层强烈的压实作用，生屑较少的储层颗粒间表现为线接触或凹凸接触，生屑被压碎；含生屑较多的以陆源碎屑为主的储层具明显的抗压实作用，生屑体腔孔保存较完整。

2）胶结作用

胶结作用是该区最常见的成岩作用，主要表现为碳酸盐矿物的胶结，其次为高岭石、伊/蒙混层和伊利石等次生黏土矿物的胶结，见少量的硅质胶结［图版 V（e）］和菱铁矿［图版 V（i）］、黄铁矿胶结。

碳酸盐矿物胶结物以白云石［图版 V（d）］和含铁（铁）白云石为主，局部见少量的方解石和铁方解石胶结［图版 V（c）］；储层中方解石胶结物的含量最大可达 65%，平均 3.8%，而白云石胶结物的含量最大可到 88%，平均 48.2%。碳酸盐胶结物大多数可分为两期，早期以泥晶白云石的形态包裹碎屑颗粒或生物碎屑，晚期以含铁（铁）白云石的形态分布在颗粒之间或粒内溶蚀孔中。局部白云石胶结可见明显的 3 期结构［图版 V（a）］，第 1 期以泥晶白云石的形态环绕碎屑颗粒或鲕粒分布，第 2 期以泥晶白云石为基底，并以亮晶白云石的生长方式充填于颗粒之间，呈马牙状分布；第 3 期以第 2 期的亮晶白云石为基底，向孔隙方向继续生长。方解石胶结物对储层物性具有明显的破坏作用，该区方解石主要以后期形成为主，多充填于孔隙中，进而占据孔隙空间；白云石胶结物多以泥晶薄膜状包裹碎屑颗粒和生物碎屑，具有抗压实作用，有利于原生孔隙的保存，虽然在成岩过程中被碳酸盐胶结，但提供了可供溶蚀的原生孔隙空间，在后期被溶蚀可形成大量的溶蚀粒间孔；生物碎屑的骨架大多数被白云石化，具有一定的抗压实能力，因而可以保存体腔孔。由于秦皇岛 29-2 东构造沙一、二段储层中白云石含量远大于方解石，因此，该构造储层的碳酸盐胶结物对储层物性具有明显的贡献作用。

黏土矿物胶结物主要为高岭石，伊/蒙混层和伊利石次之，见少量的绿泥石。高岭石在显微镜下常呈米粒状广泛分布在颗粒之间，在扫描电镜下常呈蠕虫状、书页状、片状充填于孔隙［图版Ⅴ（b）］；伊/蒙混层和伊利石在扫描电镜下常呈丝片状、丝絮状分布在颗粒表面或充填在颗粒之间。高岭石的大量生成表明储层中中酸性火山岩和长石发生了强烈的溶蚀作用，适量的米粒状，以及蠕虫状、书页状、片状高岭石对储层物性是有利的。

硅质胶结物主要为石英颗粒的次生加大，以及在颗粒溶蚀孔内形成的次生石英，含量较少；菱铁矿、黄铁矿胶结物含量也比较少。这些胶结物充填于粒间、粒内孔隙，占据了孔隙空间，使储层物性变差［图版Ⅵ（a）］。但是，这些胶结物含量整体较少，对储层整体物性的影响较小。

3）溶蚀作用

溶蚀作用是影响该区混合沉积储层物性的主要因素之一，主要表现为碳酸盐矿物胶结物和火山岩岩屑的溶蚀，长石溶蚀次之，见少量的石英溶蚀。

由于该区混合沉积储层发育大量的火山岩岩屑，局部储层以火山岩岩屑为主，长石次之，因此，在薄片下可见大量的火山岩岩屑被溶蚀呈蜂窝状、不规则状，局部可见长石或火山岩完全溶蚀形成的铸模孔。

在镜下，碳酸盐矿物胶结物的溶蚀现象常表现为颗粒之间亮晶白云石中心位置溶蚀形成的不规则边缘，以及白云石晶体之间的晶间溶蚀孔；在储层中常见具有白云石包壳的火山岩或长石发生强烈的溶蚀，表明酸性流体可以通过白云石包壳进入内部对颗粒进行溶蚀，但是白云石包壳的形态依然存在，说明白云石包壳具有选择性溶蚀的特征，酸性流体首先对白云石包壳进行选择性溶蚀，形成具有渗透性的薄膜，进一步可以进入包壳内部对颗粒进行溶蚀。

石英的溶蚀较少，常表现为石英颗粒次生加大边的溶蚀，但是溶蚀强度有限，对储层物性贡献不大。

8.1.4　勘探实践

早期对秦皇岛 29-2 东构造沙一、二段沉积模式存在扇三角洲与碳酸盐台地两种截然相反的认识。本次研究首先从根本上确定了其岩石类型属于以陆源碎屑为主的混积岩，并进一步认识到本区混积类型为近源陡坡背景下、在供源减弱期发育生物而形成的与扇三角洲伴生的近岸混积扇沉积，同时以地质成因模式约束下的地震预测思路为指导，应用宏观地震相识别与地震模型正演等技术方法，成功预测了该构造区混合沉积的分布范围，进一步落实了含油层段为沙一、二段。在上述地质模式与技术的指导下，该构造 QHD29-2E-4、QHD29-2E-5 两口探井在沙一、二段均钻遇富含生物碎屑的厚层砂砾岩储层，QHD29-2E-4 在沙一、二段解释油层 201.1m，单层最大厚度 133.8m，该层平均日产油 1048.0m³，也是渤海海域古近系首次实现千方产能。QHD29-2E-5 井沙一、二钻遇油层 150.2m，测试日产油 113.8m³，日产气 7522m³。秦皇岛 29-2 东区块沙一、二段油气藏埋深 3150～3485m，孔隙度分布范围为 4.6%～34.6%，平均孔隙度 16.6%，渗透率为 0.1～767.5mD，平均渗透率 5.1mD，探明原油储量 931.97 万 t，探明天然气储量 15.39 亿 m³，属于埋深中深、原油密度轻质、中丰度的中型海上油田。

8.2 秦皇岛 36-3 构造

8.2.1 地质概况

秦皇岛 36-3 构造位于渤中凹陷北部,石臼坨凸起向渤中凹陷自然延伸过渡的 428 凸起南侧。428 凸起夹持于渤中凹陷和秦南凹陷之间,总体呈现为近东西走向的狭长构造带。受构造活动影响,428 凸起为南北两侧边界大断裂所限定,表现为陡坡带的特征,在其南侧发育秦皇岛 36-3 构造带,北侧发育秦皇岛 29-2 和秦皇岛 29-2 东构造带,由于边界断裂长期活动,断距较大,碎屑物质主要富集在下降盘古地形构成的低洼和断槽中,东侧断层较少,以缓坡为主(图 8-11)。钻井在秦皇岛 36-3 油田自上而下依次揭示第四系平原组、新近系明化镇组和馆陶组、古近系东营组和沙河街组,以及中生界地层。古近系沙河街组沙二段是本区主要含油层位。

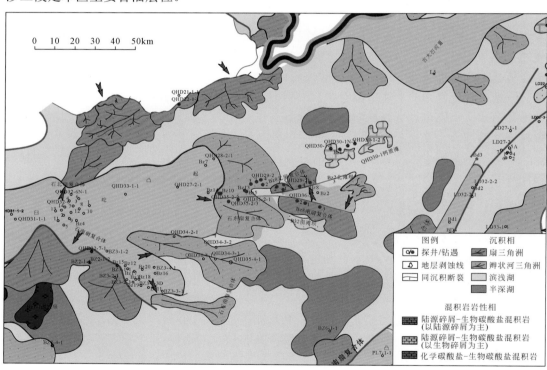

图 8-11 秦皇岛 36-3 构造带位置

8.2.2 混合沉积特征

1. 混积特征

秦皇岛 36-3 构造发育典型的近岸混积坝,混合沉积主要发生在近岸陡坡带。从层序发育特征来看,厚层混合沉积主要发育在沙二段层序高位域时期,分布范围较为局限,沙一段层序混合沉积发育厚度较薄，但分布范围较大（图 8-12）。

　　秦皇岛 36-3 构造主要岩性相类型包括含砂生物碎屑云岩相（BI2）、（含）砂（质）生物碎屑泥晶云岩相（CA3）和含生物碎屑砂砾岩相（CL3）（图 8-13）。生物碎屑主要以螺碎屑、介形虫等为主，保存状况较差，在搬运过程中受水流作用都发生了一定程度的破损，在镜下薄片中可看到生物碎屑颗粒大小在 0.2～0.5mm，颗粒分选较差，生物碎屑表面生长有一层黑色的泥晶包壳结构，颗粒间发育有亮晶胶结物；陆源碎屑颗粒表现为分选、磨圆较差，成熟度低，反映出短距离搬运的特点，颗粒大小在 0.3～3cm，呈角砾状在岩石中均匀分布（图 8-14）。

　　秦皇岛 36-3 构造主要沉积亚相为近岸混积坝沉积和近岸混积滩沉积，在沙一、二段沉积内部可细分出两类沉积微相：近岸砾质混积坝和近岸生物滩（图 8-15）。沉积物岩性主要以棕黄色、棕色鲕状含砂屑云岩为主，碎屑颗粒呈黑色鲕粒状分布，含量约 60%，粒径为 0.1～0.5mm，鲕核成分主要包括砂屑、粉砂质陆屑及生物碎屑，生物碎屑也可见较为完整的体腔结构。从 QHD36-3-2 井的薄片照片中也可以看出混合沉积中生屑含量较高，并且与陆源碎屑以不同比例混合。

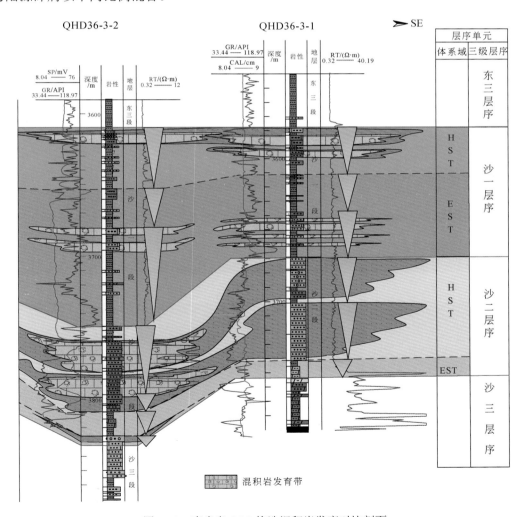

图 8-12　秦皇岛 36-3 构造混积岩发育对比剖面

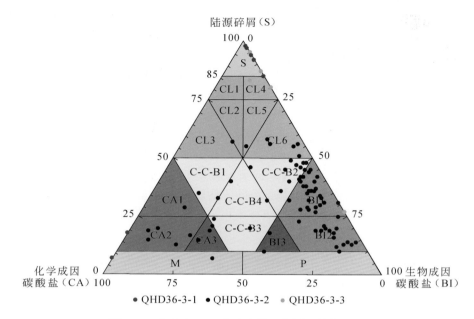

图 8-13 秦皇岛 36-3 构造岩性三角图（单位：%）

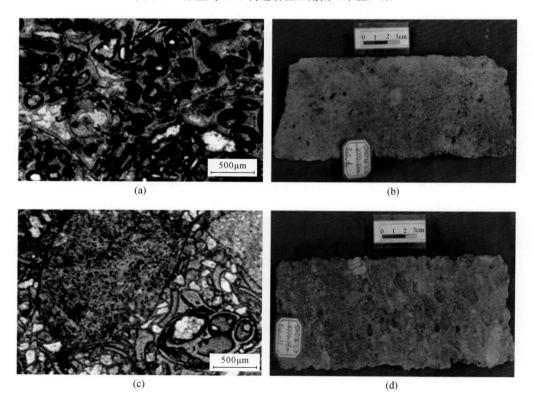

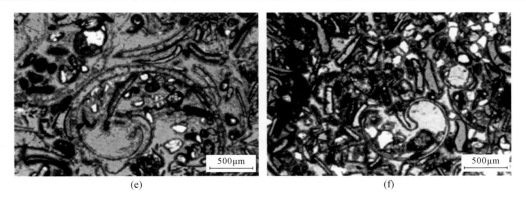

(e)　　　　　　　　　　　(f)

图 8-14　秦皇岛 36-3 构造带主要混积岩岩性相类型

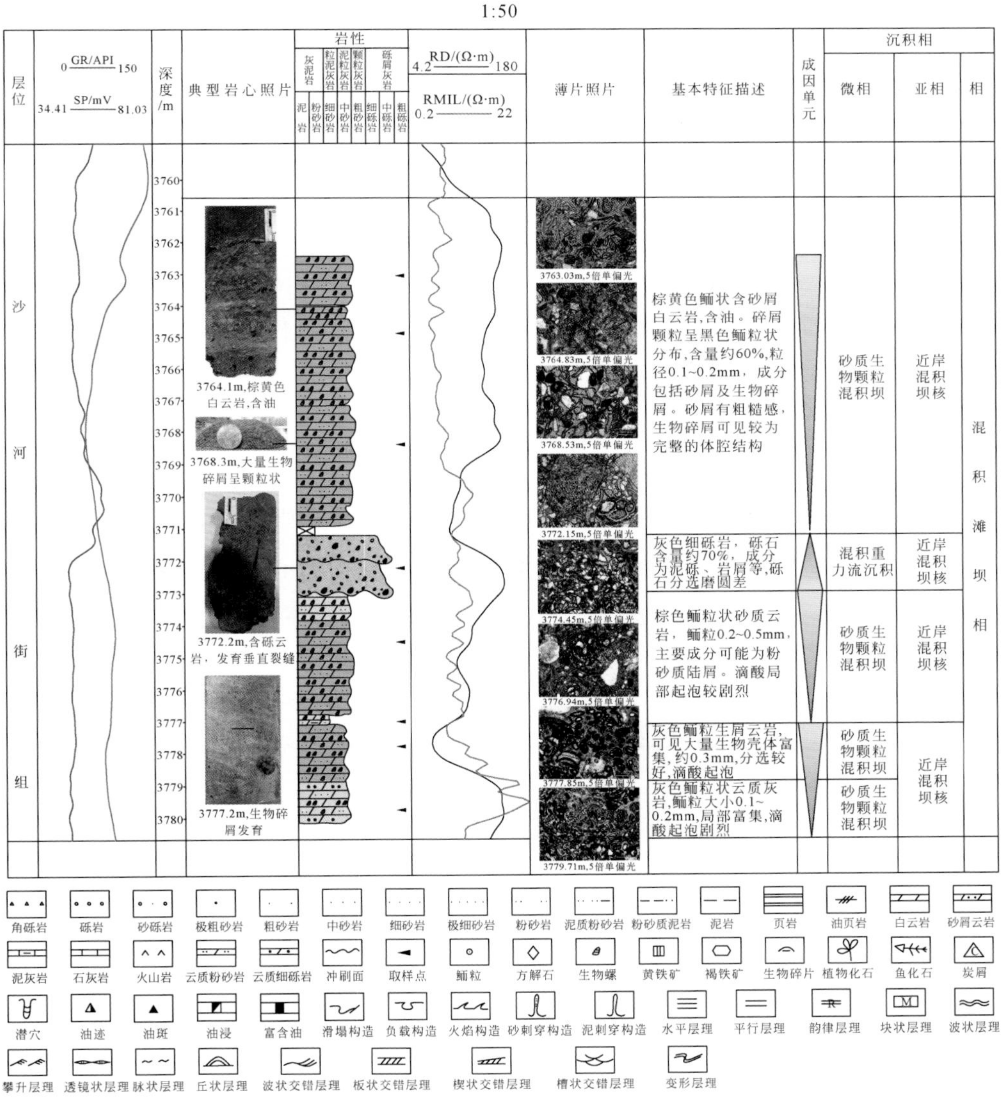

图 8-15　QHD36-3-2 井取心段精细解释图

2. 成因机理

秦皇岛 36-3 构造带受控于 428 凸起的局部物源，近源扇三角洲发育，通过对薄片及岩心的观察发现，该构造带混合沉积岩石组分以生物碎屑为主，并且生屑相对破碎，少见完整的壳体。从发育位置来看，尽管处于近源陡坡的背景下，但由于其发育在扇三角洲朵体的侧翼，局部地貌遮蔽条件使得生物大量生长，随着生物的死亡，生物碎屑在原地发生堆积，受波浪与湖流作用影响，与近源的陆源碎屑产生组构型混合。同时受控于相对较大的可容纳空间（构造沉降及湖平面上升等影响），这样的混合沉积单元在垂向上可反复叠置，从而形成厚层的混合沉积，该构造混积滩坝厚度可达 150m 左右。

8.2.3 混合沉积储层特征

1. 岩石学特征

秦皇岛 36-3 构造带是近岸混积坝的典型代表构造带，主要在沙一、二段发育，混合沉积储层主要分布在沙二段，厚度大，埋深大于 3760m。该构造带混合沉积储层的岩相类型包括砂质生物碎屑云岩相、（含）砂（质）生物碎屑泥晶云岩相和含生物碎屑砂砾岩相。生物碎屑主要以螺碎屑、介形虫等为主，保存状况较差，生物碎屑在搬运过程中受水流作用都发生了一定程度的破损现象，在薄片镜下图片中可以看到生物碎屑颗粒大小在 0.2～0.5mm，颗粒分选较差，生物碎屑表面生长有一层黑色的泥晶包壳结构，颗粒间发育有亮晶胶结物；陆源碎屑颗粒主要以长石、石英和火山岩碎屑为主，大多数颗粒被泥晶白云石包壳包裹，碎屑颗粒表现为分选、磨圆较差，成熟度低，反映出短距离搬运的特点，颗粒大小在 0.3～3cm，呈角砾状在岩石中均匀分布。

2. 储层物性特征

秦皇岛 36-3 构造带混合沉积储层孔隙度分布在 2.3%～40.1%，平均孔隙度为 27%；渗透率为 0.02～2350.4mD，平均渗透率值为 420.6mD。储层整体较好，具高孔高渗的特点，但局部储层物性较差。其中，方解石、泥质杂基、泥晶白云石等含量多的储层，以及砾岩、砾质砂岩类储层物性差，亮晶形态、中—粗粒度、泥质含量少、方解石含量少、鲕粒、螺类含量多的储层物性好（图 8-16）。

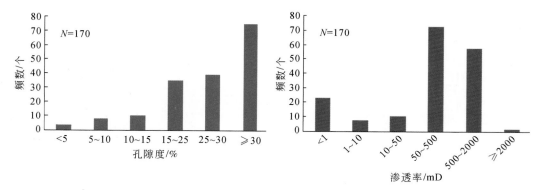

图 8-16　秦皇岛 36-3 东构造带储层物性分布直方图

3. 储集空间类型

该区混合沉积储层的储集空间类型多样，由于以碳酸盐为主的混积岩占多数，主要的储集空间为溶蚀孔，原生孔隙次之。溶蚀孔主要包括生物壳体的溶蚀孔、碳酸盐胶结物的溶蚀孔、长石和中酸性火山岩岩屑的溶蚀孔，局部见铸模孔 ［图 8-17（a）］；原生孔主要包括残留的生物体腔孔，以及生物碎屑、鲕粒、陆源碎屑颗粒之间的原生粒间孔 ［图 8-17（b）］。整体上储层物性好，孔隙分布均匀，连通性中等—差。

图 8-17　秦皇岛 36-3 构造主要的储集空间类型

（a）溶蚀孔，岩屑或长石被溶蚀形成铸模孔以及颗粒内溶蚀孔，QHD36-3-2，3769.73m，单偏光；
（b）生物体腔孔，主要为介壳类或腹足类生物体腔，QHD36-3-2，3766.43m，单偏光

4. 成岩作用特征

秦皇岛 36-3 构造沙一、二段储层处于中成岩 B 期，主要经历的成岩作用包括压实作用、胶结作用和溶蚀作用，其中，溶蚀作用是该区混合沉积优质储层发育的主要原因。

1）压实作用

该区混合沉积储层现今埋深在 3760～3900m，以碎屑岩为主的储层颗粒间呈点接触–线接触，反映储层遭受了一定的压实作用，但颗粒之间含有大量的生物碎屑，与陆源碎屑颗粒构成岩石骨架，具有抗压实作用 ［图版Ⅳ（c）］。以碳酸盐为主的储层中含有丰富的生物碎屑，具有抗压实作用，能够保存原生的生物体腔孔 ［图版Ⅳ（c）］。

2）胶结作用

该区混合沉积储层胶结作用发育，以碳酸盐矿物胶结为主，其中白云石为主要的胶结矿物，方解石次之。除此之外，在陆源碎屑发育的储层中可见黏土矿物胶结物。

在碎屑岩为主的储层中，胶结物类型以泥晶和亮晶白云石为主，含量分布在 10%～25%，以泥晶或亮晶白云石包裹碎屑颗粒或充填于颗粒间、生物体腔内部，粒间多充填亮晶白云石，呈栉壳状沿颗粒、化石碎片边缘分布，形成薄膜式胶结。局部可见颗粒内溶蚀孔中充填方解石或颗粒间被方解石胶结的现象。

在碳酸盐为主的储层中，胶结物以泥晶和亮晶白云石为主，方解石次之。白云石在早期和成岩期均有形成，早期的白云石胶结在成岩期具有抗压实保存原生孔隙的作用；成岩期形成的亮晶白云石易遭受酸性流体的溶蚀作用，使得原生孔隙的部分面貌再现，对储层物性是有利的；但是，储层中粒间泥晶白云石相对不易溶蚀，对储层物性是不利的。方解石主要为成岩过程中形成的次生胶结矿物，是导致储层物性变差的主要因素之一。

3）溶蚀作用

溶蚀作用是改善本区混合沉积储层物性的主要因素之一，主要表现为中酸性火山岩、长石、生物碎屑、碳酸盐胶结物等的溶蚀，在薄片下常见颗粒溶蚀呈蜂窝状、生物体腔内部碳酸盐矿物被溶蚀，以及颗粒之间碳酸盐矿物被溶蚀等现象，局部发生强烈溶蚀，出现铸模孔。由于该区以碳酸盐岩为主的混合沉积储层占主体，因此，碳酸盐胶结物的溶蚀占优势，孔隙以粒内溶蚀孔为主，原生粒间孔次之。

8.2.4　勘探实践

为了探索石臼坨凸起东倾末端陡坡带的含油气潜力，在三维地震资料解释的基础上，在秦皇岛 36-3 构造先后钻探 QHD36-3-1、QHD36-3-2、QHD36-3-3 三口钻井，在沙河街组钻遇油气显示，主要含有层位为沙二段。钻探结果表明，沙二段以扇三角洲沉积为主，油田主要位于扇三角洲的前缘亚相，QHD36-3-2 井周围发育富含生屑颗粒的混合沉积储层，解释油层 37.9m，在埋深 3520～3781m 范围内，孔隙度分布范围 10.1%～40.1%，平均值 27.7%，渗透率分布范围 0.21～2350.40mD，平均值为 469.70mD。QHD36-3 油田探明石油储量 235.37 万 t，总体属于一个油层埋深为深层、中丰度、高产能的中型海上轻质油油田。

8.3　渤中 36-2 构造

8.3.1　地质概况

渤中 36-2 构造位于渤海海域南部黄河口凹陷东次洼，北邻渤南低凸起，南以为莱北低凸起北下降盘为界，整体处于构造脊背景（图 8-18）。目前研究区已钻探 BZ36-4-1、BZ36-2-1、BZ36-2-W、PL25-2-1 四口探井，自上而下依次揭示第四系平原组、新近系明化镇组和馆陶组、古近系东营组和沙河街组，以及中生界地层。古近系东三段，沙一、二段为主力含油层系。

8.3.2　混合沉积特征

1．沉积特征

渤中 36-2 构造混合沉积主要发育在近岸隆起区，与辫状河三角洲伴生，颗粒碳酸盐以夹层与碎屑岩产出，单层厚度较小。从相序特征来看，以颗粒碳酸盐岩为主的混积生屑滩发育在辫状河三角洲的间歇期或废弃期，单层厚度较小，一般小于 5m（图 8-19）。

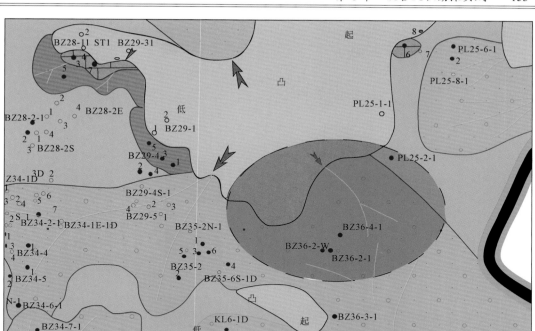

图 8-18 渤中 36-2 构造位置

岩相类型主要包括亮晶含生屑砂岩相、生物碎屑质泥晶云岩相、（含）砂（质）泥晶云岩相及粒屑泥晶云岩相。亮晶含生屑砂岩中陆源碎屑颗粒粒度较细，一般小于 0.1mm，填隙物以方解石为主；生物碎屑泥晶云岩岩石组分以生物碎屑为主，含量一般大于 80%，碎屑颗粒含量较低，粒径为 0.1～0.5mm；粒屑泥晶云岩岩石组分主要以泥晶鲕粒为主，少见陆源碎屑颗粒（图 8-20）。

渤中 36-2 构造混合沉积地震相特征表现为强振幅高连续地震相，表明生物碎屑与碳酸盐组分使得地层具有强振幅的反射特征，同时高连续的特征反映了渤中 36-2 构造混合沉积发育的稳定性与连续性（图 8-21）。

岩心、薄片、沉积构造、地震属性等综合分析表明，渤中 36-2 构造发育辫状河三角洲背景下近岸混积滩沉积，物源主要来自渤南低凸起，混合沉积发育在辫状河三角洲前缘主体之上，根据属性的强弱及钻井资料，可以识别出混积滩主体和滩缘沉积（图 8-22）。

2. 成因机理

渤中 36-2 构造混合沉积发育在辫状河三角洲供源的间歇期，物源影响作用较弱，在水下隆起的古地貌背景下，受波浪等强水动力条件作用，形成岩性较纯的薄层含砂屑生屑（粒屑）碳酸盐岩，垂向上与辫状河三角洲构成广义的混积层系，单层厚度较小，一般小于 5m。渤中 36-2 构造发育典型的低隆型近岸混积滩亚相，以 BZ36-2-W 井为例，取心段底部主要发育以细粒岩屑长石砂岩为主的辫状河三角洲，在供源间歇期，发育泥晶生屑云岩，构成混积生屑滩微相；当这一期辫状河三角洲废弃之后，便发育多层的生屑、鲕粒云岩，形成混积粒屑滩，垂向上与三角洲构成广义上的混积层系。

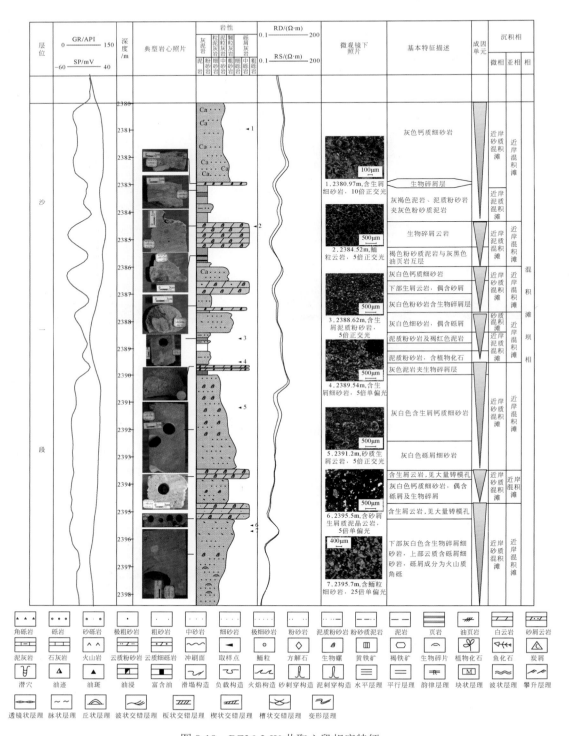

图 8-19　BZ36-2-W 井取心段相序特征

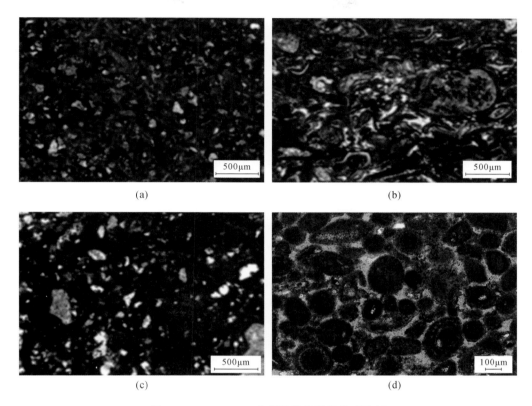

图 8-20　BZ36-2-W 井混积岩岩性相微观特征

（a）2380.97m，单偏光 CL3，亮晶含生屑砂岩相；（b）2391.2m，单偏光，CA3，含砂质生物碎屑质泥晶云岩相；（c）2395.5m，
单偏光 CA1，含砂质泥晶云岩相；（d）2384.92m，鲕粒白云岩

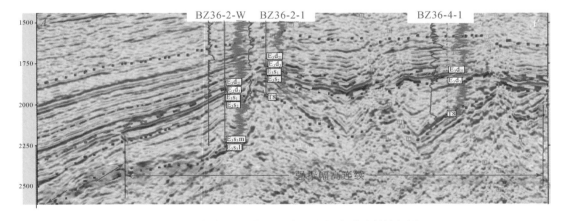

图 8-21　渤中 36-2 构造混合沉积相地震反射特征图

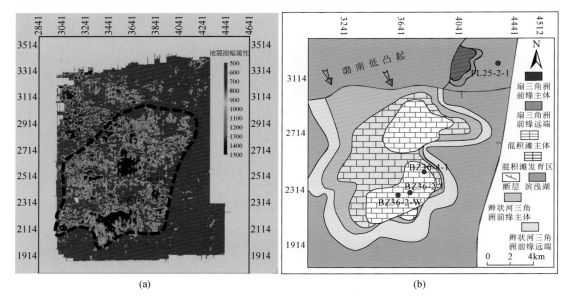

图 8-22　渤中 36-2 构造混合沉积发育平面图

8.3.3　混合沉积储层特征

1. 岩石学特征

渤中 36-2 构造沙河街组发育呈泥晶和亮晶结构的白云岩、生屑云岩、泥质云岩、粒屑云岩，局部发育以陆源碎屑为主的钙质细—粉砂岩。按照混积岩的微观分类方案，渤中 36-2 构造主要发育陆屑质泥晶碳酸盐岩、含陆屑泥晶碳酸盐岩、泥灰岩类及部分泥晶-生物碳酸盐岩（图 8-23）。白云石含量为 25%～100%，是最主要的成岩矿物，方解石局部发育，含量为 2%～30%（4 个样品），石英、长石等陆源碎屑含量为 0～45%。从粒屑结构上来说，生物碎屑为 0～50%，鲕粒为 0～75%，两者为最主要的组分。生物碎屑主要见螺、介形虫及其碎片，螺内膜成分主要为泥晶白云石，介形虫碎片成分主要为方解石，鲕粒主要为表鲕。局部泥质均匀混杂于泥晶白云石内，局部可见黄铁矿凝块状分布。

2. 储层物性特征

渤中 36-2 构造测井孔隙度与深度呈现较好的对应关系（图 8-24），随深度增加，储层孔隙度下降速度较快，2100～2150m 孔隙度大于 20%，2200～2250m 孔隙度快速下降至 15% 以下，部分数据下降至 10% 以下。统计发现，沙河街组储层孔隙度以小于 15% 为主，部分层段物性较好，大于 15% 甚至大于 25%（图 8-25）。

储集空间主要为粒间溶孔、粒内溶孔、铸模孔、晶间溶孔、生物钻孔和微裂缝，生物钻孔多呈圆状、长条状等。

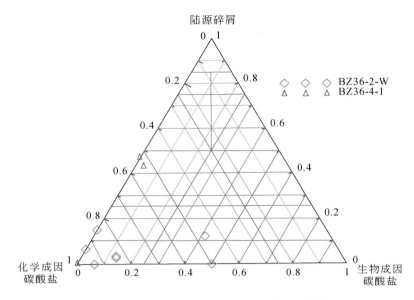

图 8-23　渤中 36-2 构造沙河街组岩性三角图

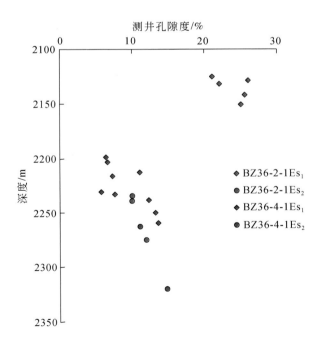

图 8-24　渤中 36-2 构造沙河街组测井孔隙度–深度关系图

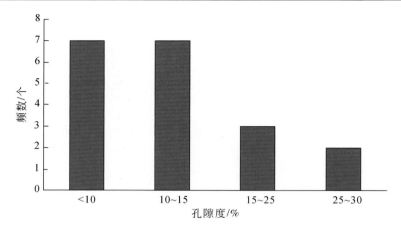

图 8-25　渤中 36-2 构造沙河街组测井孔隙度统计（$n=19$）

3. 成岩作用

渤中 36-2 构造沙河街组储层实测 R^o 值总体为 0.35～0.5，表明储层现今处于中成岩 B 期。观察铸体薄片及 SEM 照片发现，研究区经历的成岩作用主要包括压实作用、重结晶作用、白云石化、方解石充填和溶蚀作用。鲕粒间以点-线接触为主，局部鲕粒呈漂浮状，表明压实作用中等—弱。生物壳体后期发生碳酸盐化-白云石化，壳体内充填白云石、方解石和泥质，后期在酸性流体的影响下发生局部溶蚀，形成铸模孔，孔隙内充填鳞片状高岭石［图版VI（b）］。早期泥晶白云石后期重结晶形成亮晶白云石。

8.3.4　勘探实践

勘探表明，黄河口凹陷东次洼深浅层均具有良好的成藏条件，在 BZ36-2-1、BZ36-2-W、BZ36-4-1 井的沙一、二段均钻遇混合沉积储层，岩性以粒屑云岩为主，在埋深 3520～3781m 范围内，孔隙度分布范围为 7.6%～25.9%，平均值为 18.7%，渗透率分布范围为 0.13～11.6mD，平均值为 1.92mD。其中 BZ36-2-1 井沙二段发现油层 32.1m，测试日产油达 111.5m³，三级石油地质储量可达 606.23 万 t，探明石油地质储量 131.99 万 t。

8.4　锦州 20-2 构造

8.4.1　地质概况

锦州 20-2 构造位于辽西低凸起北端，东西两侧分别紧邻辽中和辽西凹陷。潜山基岩埋藏深度 2000～2500m，钻探已证实辽中和辽西凹陷是十分有利的生油凹陷，位于两者之间的辽西低凸起长期隆起，具备形成大中型油气田的石油地质条件（图 8-26）。钻井自上而下依次揭示第四系平原组、新近系明化镇组和馆陶组、古近系东营组和沙河街组，以及中生界、元古宇地层。锦州 20-2 地区的油气储层涉及四套地层五种岩性，其中富含生物的沙一段生物粒屑云岩与沙二段的云质砾岩为气田的主力产气储层。

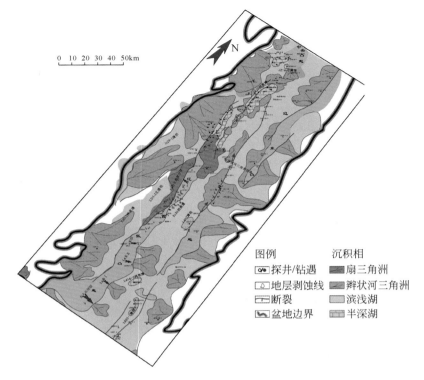

图 8-26　辽东湾地区沙一、二段沉积相图

8.4.2　混合沉积特征

　　锦州 20-2 构造带是远岸混积坝亚相的典型代表构造带，在该构造带上，混积岩发育厚度不大，从几米到十几米不等，且平面上分布局限（图 8-27、图 8-28）。此外，通过对该构造带进行连井层序地层对比发现，该区混积岩沉积主要发育在沙一段层序的湖扩体系域，其次在高位体系域及低位体系域中也有零散分布，但厚度均不大；在沙二段层序中，混积岩沉积主要集中在高位体系域及湖扩体系域。对比发现沙二段层序中发育的混积岩，厚度更大，连续性好，而沙一段层序发育的混积岩连续性差，厚度薄。

　　锦州 20-2 构造带发育于古隆起之上，为基底孤立隆起上发育的混积生物滩类型的代表。该构造带上主要发育了一系列以生物为主的混积岩相，如云质砂岩相、含砂生物碎屑云岩相、含生物碎屑云质砂岩相等（图 8-29、图 8-30）。

　　通过岩心及薄片观察，云质砂岩相主要集中发育于 JZ20-2-1 井。砂质成分主要为岩屑及石英，分选较差、磨圆程度较低，次棱角状为主，成熟度低 [图 8-31 （a）、（b）]。

　　如前所述，锦州 20-2 构造带沉积受控于古地貌，在地貌高部位发育一套生物碎屑云岩相沉积。生物碎屑主要以螺、介形类为主，保存状态完整，因此推测生物为原地沉积。见亮晶白云石贴生物边缘胶结，孔隙发育，以生物体腔孔、残余粒间孔及铸模孔为主。陆源碎屑含量较少（图 8-32）。

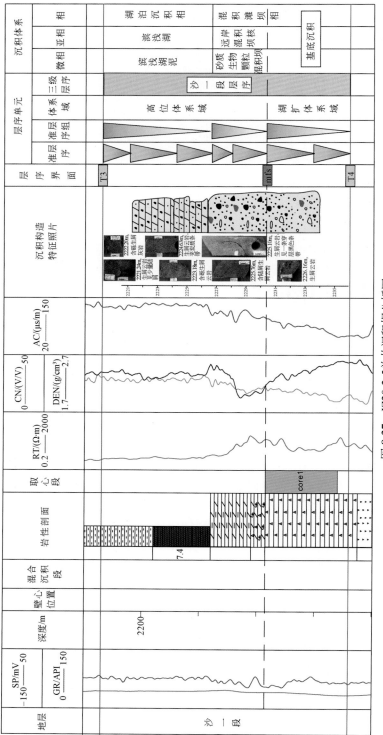

图 8-27 JZ20-2-5单井沉积相分析图

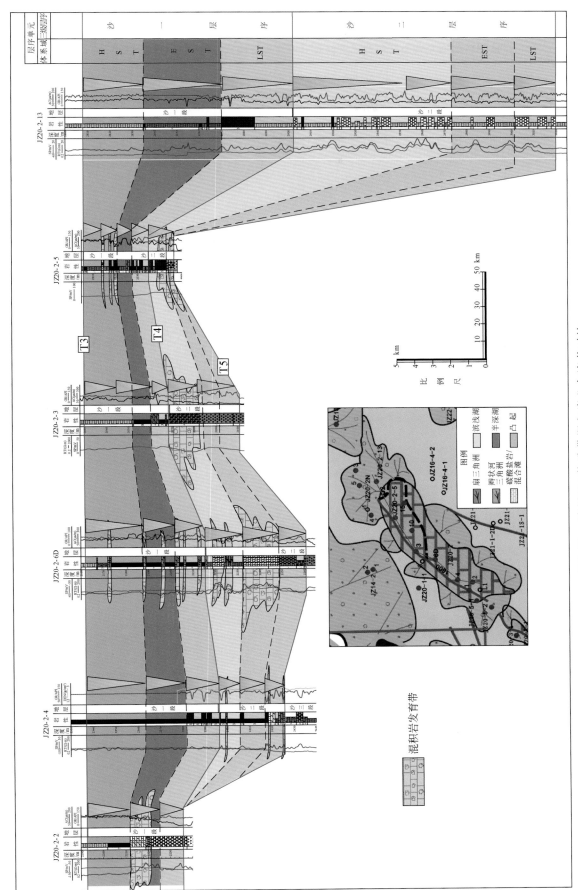

图8-28 锦州20-2构造带混积岩分布连井对比

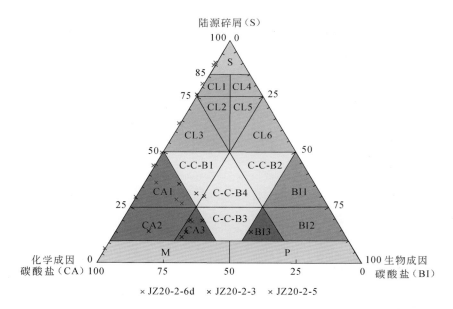

图 8-29　锦州 20-2 构造带岩性三角图（单位：%）

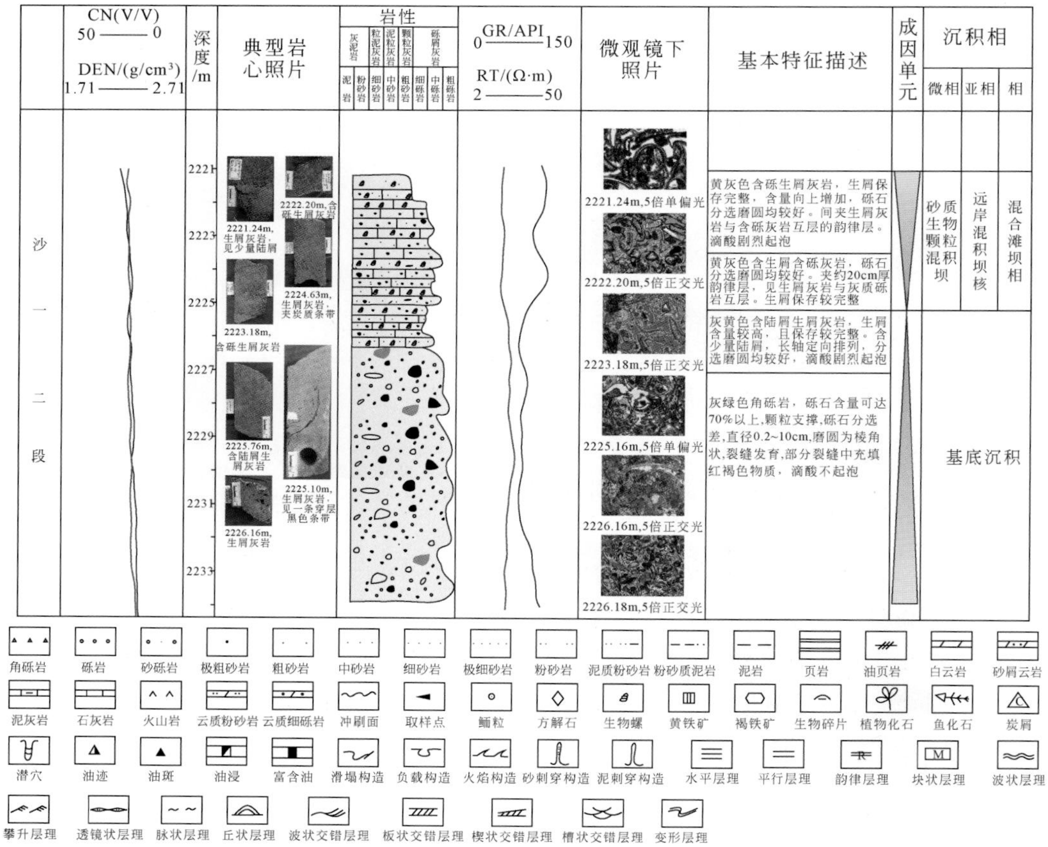

图 8-30　JZ20-2-2 井取心段岩心综合分析图

图 8-31　云质砂岩相

（a）JZ20-2-1 井，2179.90m，云质砂岩；（b）JZ20-2-1 井，5 倍正交光，云质砂岩

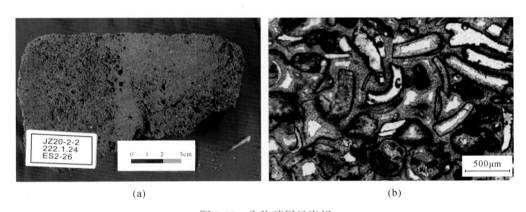

图 8-32　生物碎屑云岩相

（a）JZ20-2-2 井，2221.24m，生屑云岩，生屑富集且保存完整；（b）JZ20-2-2 井，2222.20m，5 倍单偏光，生屑云岩

（含）砂（质）生物碎屑云岩相仍以生物碎屑为主，同时混入部分陆源碎屑。陆源碎屑分选中等偏差，磨圆以次棱角状为主，多表现为近物源短距离搬运。生物类型主要为螺和介形类，保存完好，为原地沉积形成（图 8-33）。

图 8-33　（含）砂（质）生物碎屑云岩相

（a）JZ20-2-2 井，2226.10m，10 倍单偏光，含砂生屑云岩；（b）2224.16m，含砂生屑云岩

　　含生物碎屑云质砂岩相主要以陆源碎屑为主，其次为生物碎屑，白云石胶结碎屑颗粒。陆源碎屑分选较差，磨圆多为次棱角—次圆状，为近物源短距离搬运。生物类型主要为螺和介形类，保存较为完好，粒间白云石胶结（图 8-34）。

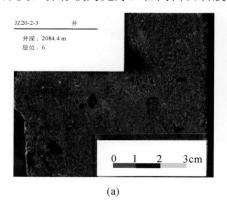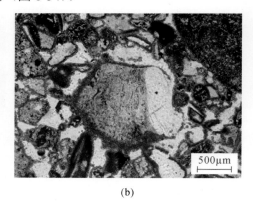

(a)　　　　　　　　　　　　　　　(b)

图 8-34　含生屑云质砂岩相

（a）JZ20-2-3 井，2084.4m，含生屑云质砂岩；（b）JZ20-2-3 井，2081.5m，5 倍单偏光，含生屑云质砂岩

8.4.3　混合沉积储层特征

1. 岩石学特征

　　锦州 20-2 构造沙河街组发育云质砂岩、生物碎屑云岩、（含）砂（质）生物碎屑云岩和含生物碎屑云质砂岩（图 8-35）。砂质成分主要为岩屑及石英，分选较差、磨圆程度较低，次棱角状为主，成熟度低。生物碎屑主要以介形类、腹足类为主，保存状态完整，为原地沉积或短距离搬运形成。见亮晶白云石贴生物边缘胶结，孔隙发育。

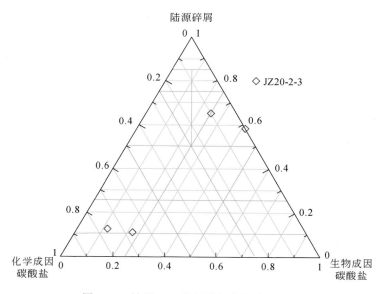

图 8-35　锦州 20-2 构造沙河街组岩石类型

2. 储层物性特征

锦州 20-2 构造沙河街组孔隙度较好但变化较大，以 15%～25% 为主，次为 25%～30% 和 <10%。渗透率以 <1mD 为主，部分样品渗透率较高，大于 10mD。储集空间以生物体腔孔、残余粒间孔及铸模孔为主（图 8-36）。

3. 成岩作用

锦州 20-2 构造沙河街组储层现今处于早成岩 B 期，JZ20-2-13 井沙三段成岩强度偏高，处于中成岩 A 期。锦州 20-2 构造沙河街组储层经历的成岩作用主要包括压实作用、胶结作用、重结晶作用和溶蚀作用（图 8-36）。储层发育生物碎屑，生物壳体内充填白云石和方解石，白云石沿生物壳体边缘生长，方解石含量较低。生物碎屑间泥晶白云石重结晶形成亮晶白云石。生物壳体保存较为完好，少数为生物碎屑。方解石及白云石在酸性流体作用下溶解，形成生物壳体铸模孔及溶蚀孔。

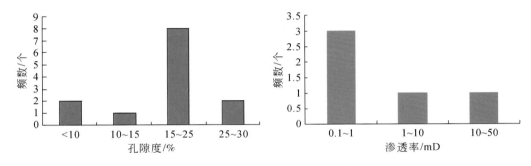

图 8-36　锦州 20-2 构造沙河街组物性

8.4.4　勘探实践

锦州 20-2 地区的油气储层涉及四套地层五种岩性，其中富含生物的沙一段生物粒屑云岩与沙二段云质砾岩储集层物性较好，是锦州 20-2 气田的主力产气储层。沙一段储层普遍发育，7 口井钻遇气层，位于沙一段底部，储层岩性主要为生物碎屑云岩，生物含量高达 20.0%～25.0%，以介形虫、腹足类化石的碎片为主，气层孔隙度 12.2%～33.6%、空气渗透率 8.9～308.0mD，该构造中高点沙河街组和元古宇探明天然气地质储量 70.19 亿 m^3，探明凝析油地质储量 171.89 万 t；北高点沙河街组探明天然气地质储量 16.76 亿 m^3，探明凝析油地质储量 30.56 万 t；南高点探明天然气地质储量为 57.29 亿 m^3，探明凝析油地质储量 196.15 万 t，

8.5　垦利 16-1 构造

8.5.1　地质概况

垦利 16-1 构造位于渤海海域莱州湾凹陷南部斜坡带高部位，北侧紧邻莱州湾凹陷北

洼，东侧紧邻莱州湾凹陷南次洼（图 8-37），构造地层发育较全，主要发育中生界蓝旗组和义县组、古近系沙河街组和东营组、新近系馆陶组和明化镇组。古近系沙四段沉积时期莱州湾凹陷火山活动强烈，盆地内部发育一套火山岩、碳酸盐岩和碎屑岩特殊混合沉积体。垦利 16-1 构造位于凹陷北洼和南次洼油气运聚的有利区带，区域成藏位置非常有利，在沙四段混积岩中获得较好油气发现。

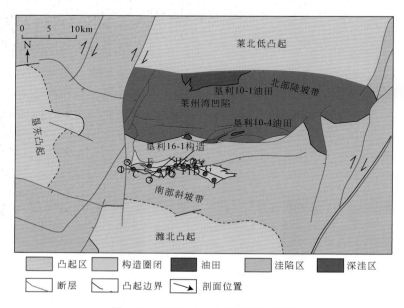

图 8-37　垦利 16-1 构造区域位置图

8.5.2　混合沉积特征

1. 沉积特征

渤海海域莱州湾凹陷古近系沙河街组发育了广泛的与火山喷发伴生的湖相混合沉积，与传统混积岩的陆源碎屑–碳酸盐岩相互混合沉积方式不同，其沉积过程受火山喷发和火山热液影响较大，发育了一套凝灰岩–热液碎屑岩–湖相碳酸盐岩的独特岩性组合，是一种新型混合沉积模式。该套混积岩纵向上可分为四种岩相组合：①凝灰质灰岩–灰质凝灰岩组分混积型［图 8-38（a）］；②泥晶灰岩–凝灰岩互层混积型［图 8-38（b）］；③藻灰岩–云质凝灰岩互层混积型［图 8-38（c）］；④岩溶角砾灰岩–凝灰岩互层混积型［图 8-38（d）］。

2. 成因机理

莱州湾盆地沙河街组沉积时期火山喷发方式与湖相碳酸盐岩沉积有两种关系：同期火山喷发和间歇期火山喷发。同期火山喷发是在湖相碳酸盐岩沉积的同时发生的火山喷发，与火山尘落入湖盆多少有关，凝灰质与碳酸盐岩组分不同数量相互混杂，形成 I 型混积岩。火山喷发间歇期沉积的湖相碳酸盐岩成分较纯，不含凝灰质组分，与后期形成的凝灰岩互层发育，主要形成 II 型混积岩。由于火山物质的注入，水体含有丰富的有利于藻类生长的

图 8-38　垦利 16-1 构造沙四段混积岩

（a）KL16-1-4 井，C2T1-12-24，1555.81m，凝灰质灰岩-灰质凝灰岩；（b）KL16-1-4 井，1557.81～1558.15m，泥晶灰岩-凝灰岩互层；（c）KL16-1-4，C2T262-66，藻灰岩-云质凝灰岩互层；（d）KL16-1-4，C3T2-82-90，岩溶角砾灰岩-凝灰岩互层

营养物质，因此，该区藻灰岩较发育，形成Ⅲ型混积岩。在火山喷发间歇期，湖平面下降，碳酸盐岩暴露地表，发生风化淋滤形成岩溶角砾灰岩，后期湖平面上升、火山喷发，凝灰岩覆盖之上，形成Ⅳ型混积岩。

8.5.3　混合沉积储层特征

1. 岩石学特征

垦利 16-1 构造混合沉积段发育在古近系沙三、四段，表现为碎屑岩或沉火山碎屑岩与薄层碳酸盐岩互层的特征。沙三段岩性表现为泥岩与薄层砂岩互层，局部夹薄层泥灰岩，局部位置还发育有凝灰质砂岩与泥晶灰岩、藻灰岩互层的现象。沙三段整体指示了扇三角洲前缘、前扇三角洲与碳酸盐台地混合沉积的沉积环境，在该沉积过程中还伴有火山爆发。沙四段岩性表现为（泥质）粉砂岩与泥岩互层，中间夹有薄层泥晶云岩、泥晶灰岩、云质灰岩和白云岩，为三角洲前缘、前三角洲与碳酸盐台地混合沉积的沉积环境。

2. 储层物性特征

通过分析垦利 16-1 构造混合沉积段的孔渗物性数据可以发现，该区沙三段储层孔隙度主要分布在低孔—高孔，平均孔隙度 17.9%；渗透率分布在特低渗—低渗，平均渗透率 2.9mD；储层物性整体具低孔-特低渗特点，局部发育高孔-中低渗储层。沙四段储层孔隙度主要分布在中孔—特高孔，平均孔隙度 24.6%，平均渗透率 58.2mD；储层物性整体具中高孔-中高渗特点，局部发育中孔低渗储层。以碎屑岩为主的混合沉积储层以中高孔-高渗为主，中孔-低渗储层次之，局部发育低孔-特低渗储层；以碳酸盐为主的混合沉积储层以中高孔-中高渗为主，中孔-低渗储层次之，局部发育低孔-特低渗储层（图 8-39）。

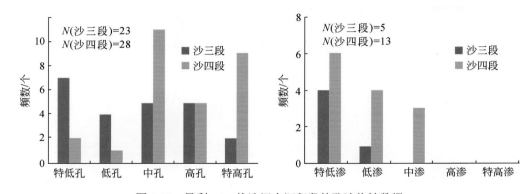

图 8-39　垦利 16-1 构造混合沉积段的孔渗物性数据

3. 储集空间类型

垦利 16-1 构造混合沉积段储集空间类型多样，孔隙和裂缝均有发育。以碎屑岩为主的混合沉积储层以次生孔隙为主，原生孔隙次之，除此之外，裂缝也较发育；以碳酸盐岩为主的混合沉积储层以次生孔隙为主，局部发育裂缝（图 8-40）。

碎屑岩中的次生孔隙类型为溶蚀孔，镜下主要表现为颗粒内溶蚀和颗粒边缘溶蚀；碎屑岩中的原生孔隙类型为粒间孔，且仅有少部分保留储集能力，不能作为主要的储集空间。碳酸盐岩中的次生孔隙类型为晶间孔，由于次生孔隙受后期矿物作用较小，大量晶间孔被保留，是碳酸盐岩中的有效储集空间。

碎屑岩中的裂缝主要为基质脱水形成的脱水收缩缝，大部分裂缝被保留，小部分裂缝为充填-半充填形式；碳酸盐岩中的裂缝以构造缝和溶蚀裂缝为主，但大多数裂缝被白云石、方解石等矿物后期充填，仅保留较少的微裂缝［图版Ⅵ（c）］。

4. 成岩作用特征

垦利 16-1 构造沙三段和沙四段混合沉积段储层现今主要处于早成岩 B 期至成岩 A 期，

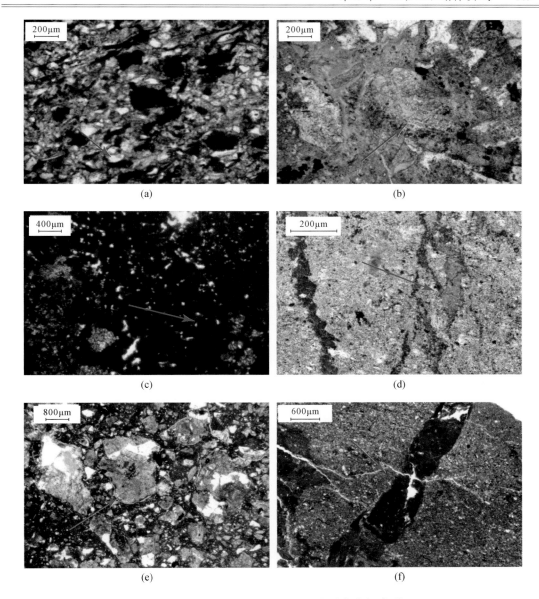

图 8-40 垦利 16-1 构造混合沉积段储集空间类型

（a）局部粒间孔发育，单偏光，KL16-1-8，埋深 1219m；（b）碎屑颗粒内溶蚀孔，单偏光，KL16-1-8，埋深 1590m；（c）晶间孔，单偏光，KL16-1-8，埋深 1243.5m；（d）溶蚀裂缝后期被方解石充填，单偏光，埋深 1556.83m；（e）脱水收缩缝，单偏光，KL16-1-4，埋深 1582m；（f）构造裂缝，单偏光，KL16-1-8，埋深 1281m

主要经历了压实作用、胶结作用和溶蚀作用。

（1）压实作用是物性降低的主要原因之一，该区混合沉积储层埋深较浅，主要分布在 1000～1600m，在镜下可见碎屑颗粒多呈点接触，线接触次之，在碎屑岩中可见大量云母压弯变形的现象。

（2）胶结作用是储层物性变差的主要因素之一，该区混合沉积储层的胶结物主要为碳酸盐矿物，以（铁）白云石为主，（铁）方解石次之。

（3）溶蚀作用是该区储层物性改善的主要因素，在碎屑岩和碳酸盐岩中均有发育。在碎屑岩中主要表现为颗粒间碳酸盐胶结物、颗粒边缘及颗粒内的溶蚀，而碳酸盐岩的溶蚀主要表现为晶间和晶内溶蚀，形成扩大的晶间孔及晶内溶蚀孔，亦见藻屑内部的溶蚀。

构造作用也是该区以碳酸盐为主的混合沉积储层物性改善的主要原因。在碳酸盐岩和碎屑岩中均有出现，主要出现在碳酸盐中，镜下可见后期裂缝切断早期裂缝的现象；碎屑岩中可见云母切割碎屑颗粒的现象［图版Ⅵ（d）］。构造运动使得地层发生破裂，有助于后期裂缝的形成，有利于储层发育。

第9章 主 要 结 论

本书运用沉积学、石油地质学、储层地质学等基础理论，综合利用岩心、钻井、测井、地震、测试等多项资料，对渤海海域混积岩岩石特征、沉积特征及储层特征进行了综合性研究，解剖了混合沉积发育过程，提出了混积岩综合识别技术，取得了六方面主要成果。

1. 建立了混积岩岩石学分类、命名体系，并从岩石学角度阐明混积岩基本概念

（1）本书选取陆源碎屑、生物成因碳酸盐颗粒及化学沉淀碳酸盐三大组构作为岩石分类三端元，提出一种新的混积岩岩石学分类系统，并将混积岩体系划分出四大类及 14 亚类。

（2）在岩石分类体系基础上，进一步阐述了混积岩基本含义，认为混积岩是由机械搬运的陆源碎屑物与生物成因碳酸盐颗粒或化学沉淀碳酸盐同时沉积，或以层系混积的方式产出，且陆源碎屑组分含量为 10%～85%的沉积岩类型。

（3）识别了渤海海域主要混积岩岩性相，包括陆源碎屑-化学碳酸盐混积岩、陆源碎屑-生物碳酸盐混积岩、生物碳酸盐-化学碳酸盐混积岩和混积层系四大类型，并对不同岩性相沉积学特征进行了总结。

2. 在分析混积岩沉积背景基础上，提出混积岩沉积相分类方案，精细刻画了混积岩内部构成单元

（1）对混积岩沉积背景进行了综合分析，认为混积岩是特定背景下的特定产物，包括稳定的古构造背景、适宜的古气候、偏咸的水介质，以及一定的古地形地貌。

（2）将一个完整的混积岩沉积相体系划分为四大类沉积亚相：混积扇、混积滩、混积坝和混积丘，并在沉积亚相的基础上，根据不同的混积岩岩性相组合进一步识别出 10 类微相。

（3）对不同的混积岩亚相内部构成进行了精细解析：混积扇内部识别出积碎屑滩、混积沟道、混积生屑滩等微相；混积滩内部识别出了近岸砂质混积滩、近岸砾质混积滩、远岸生物碎屑混积滩等微相；混积坝内部识别出了砂质混积坝、生屑混积坝等微相；混积丘内部识别出了丘基、丘主体（丘核）等微相。

3. 结合背景环境，建立了渤海湾盆地混积岩发育的整体模式，阐明了混积岩发育的主控因素

（1）结合沉积环境、沉积亚相发育特征，建立起研究区混积扇-近岸混积滩-远岸混积滩-近岸混积坝-远岸混积坝混积岩综合沉积模式。

（2）基于混积岩的精细解剖，揭示了混积岩发育主要受控于物源因素、古地貌因素、生物发育情况、古风因素，以及基底特征等要素。

4. 综合混积岩发育构造带地质条件，剖析典型混积岩发育区混合沉积机理

（1）秦皇岛 29-2 东构造带代表发育在扇三角洲背景下的混积岩发育实例。混积岩受控物源供给强弱变化，在水流或者重力作用下，将静水期生长的生物碎屑与近源的陆缘碎屑进行再搬运、沉积，形成近岸混积滩、近岸混积坝等沉积亚相类型。

（2）渤中 27-2、渤中 36-2 构造带代表辫状河背景下沉积的混积岩实例。这类混积滩以砂质为主的混积岩为主体，碳酸盐颗粒间歇性产出，受控于物源供给及水流作用。特别是水流的搬运作用，将近源砂屑搬运至相对较远的碳酸盐沉积区，产生近岸混积滩、远岸混积滩等沉积亚相类型。

（3）秦皇岛 36-3 构造带代表近岸沉积背景下的混积坝沉积实例。这类混积岩发育在朵体或者湖湾区，受局部地貌遮蔽条件影响，形成大量的生物碎屑颗粒，并与近源搬运沉积的陆源碎屑产生混积，受控于较大的可容纳空间，垂向上能形成巨厚层的以生物碎屑颗粒为主的混积坝核沉积，并可识别发育局部重力流沉积。

（4）渤中 13-1、秦皇岛 30-1 构造带代表远岸广湖背景下的远岸混积滩实例。这类混积岩发育在相对远离岸线的、相对缺少陆源碎屑供给的滨浅湖区。受控湖平面频繁波动的影响，在湖平面相对较浅的时期，发育相对薄层的以生物为主的远岸生物混积滩，在湖平面较深的发育期，发育正常的湖相泥质沉积或者碳酸盐质为主的混积岩类型，构成互层式混积。

（5）锦州 20-2 构造带远岸隆起区混积实例。在水下隆起背景下，生物碎屑保存较为完整，生物原地生长堆积，与原地少量供给的陆源碎屑发生混合，形成以生物碎屑为主的混合沉积。

5. 阐明混积岩储层特征，厘定混积岩优质储层形成机理及控制储层发育的主控因素

（1）渤海海域混积岩主要储集空间类型包括原生孔隙及次生孔隙。原生孔隙包括粒间孔、残余原生孔；次生孔包括铸模孔、粒内溶蚀孔等。结合岩性相类型，认为优质的储层类型对应于生物成因颗粒为主的混积岩，其次为生物成因-陆源碎屑混积岩。

（2）详细厘定了以生物为主的混积岩、以陆源碎屑为主的混积岩两类混积岩成岩作用过程。两类混积岩储层均进入晚成岩阶段，并均经历了一系列成岩作用过程。有利储层发育的成岩作用包括早期泥晶包壳、溶蚀作用，不利于储层发育的成岩作用包括压实作用和胶结作用。

（3）总结研究区优质储层发育的主控因素包括包壳结构、早期大气淡水淋滤、白云石化和多期碳酸盐胶结。其中包壳结构、白云石化抑制了早期压实作用，有利于原生孔隙的保存；早期大气淡水淋滤产生大量的次生溶蚀孔隙，进一步增加储层孔隙度。晚期碳酸盐胶结物大量产生可能受控于热流体作用活动，抑制或者减少了储层孔隙度。

6. 结合地震–测井–岩心资料，提出了不同尺度混积岩识别模板与方法，形成了适合于渤海湾盆地的混积岩综合识别技术

（1）提出地震–测井–岩心不同尺度混积岩的识别技术。以手标本为基础，辅以岩石薄片，对取心段的混积岩进行精确识别和定名；以取心段测井曲线属性提取为基础，建立混积岩识别测井图版，对未取心段开展混积岩识别，达到对全井段的混积岩整体认识。在上述两步的基础上，利用井–震标定技术，建立单井与地震资料的联系，利用地震资料的横向延展性进行混积岩发育范围的追踪，最后利用三维地震成图技术，勾绘出混积岩的平面分布范围，从而构成了不同尺度识别混积岩的研究流程及技术方法。

（2）基于已有混积岩发育背景及沉积条件分析解剖，提出了两类有利区带：一类为远离陆源影响的水下低隆起区，生物在这些区域上富集，构成以生物为主的混积岩发育区；另一类为沿着岸线迎风面展布的混积坝发育区，这类混积岩发育区受陆源碎屑影响相对较多。

参 考 文 献

毕力刚, 李建平, 齐玉民, 等. 2009. 渤海青东凹陷垦利构造新生代微体古生物群特征及古环境分析. 古生物学报, 48 (2): 155-162.

蔡东升, 罗毓晖, 姚长华, 等. 2000. 渤海湾盆地渤海含油气区构造研究. 见: 第 31 届国际地质大会学术论文集.

蔡东升, 罗毓晖, 武文来, 等. 2001. 渤海浅层构造变形特征、成因机理与渤中坳陷及其周围油气富集的关系. 中国海上油气(地质), 15(1): 35-43.

蔡进功, 李从先. 1994. 内蒙西南部石炭系碎屑岩-碳酸盐岩混合沉积特征. 石油与天然气地质, (1): 80-86.

陈亮, 陈恭洋, 胡婷. 2009. 惠州凹陷西江 24-3 油田韩江组-珠江组高分辨层序地层分析. 石油地质与工程, 06: 15-17.

陈世悦, 张顺, 刘惠民, 等. 2017. 湖相深水细粒物质的混合沉积作用探讨. 古地理学报, 19(2): 271-284.

陈小炜, 牟传龙, 葛祥英, 等. 2012. 华北地区寒武系第三统鲕粒滩的展布特征及其控制因素. 石油天然气学报, 34 (11): 8-14.

陈延芳, 刘士磊, 宋章强, 等. 2012. 渤海中深部碎屑岩有效储层划分及勘探意义——以黄河口凹陷为例. 断块油气田, 19(6): 710-713.

丁一, 李智武, 冯逢, 等. 2013. 川中龙岗地区下侏罗统自流井组大安寨段湖相混合沉积及其致密油勘探意义. 地质论评, 59(2): 389-400.

丁仲礼, 刘东生. 1998. 晚更新世东亚古季风变化动力机制的概念模型. 科学通报, 043(002): 122-132.

董桂玉, 陈洪德, 何幼斌, 等. 2007. 陆源碎屑与碳酸盐混合沉积研究中的几点思考. 地球科学进展, 22(9): 931-939.

董桂玉, 何幼斌, 陈洪德, 等. 2008. 湖南石门杨家坪下寒武统杷榔组三段混合沉积研究. 地质论评, 54(5): 593-601.

董桂玉, 陈洪德, 李君文, 等. 2009. 环渤海湾盆地寒武系混合沉积研究. 地质学报, 83(6): 800-811.

董艳蕾, 朱筱敏, 滑双君, 等. 2011. 黄骅坳陷沙河街组一段下亚段混合沉积成因类型及演化模式. 地质学报, 32(1): 98-107.

冯进来, 胡凯, 曹剑, 等. 2011. 陆源碎屑与碳酸盐混积岩及其油气地质意义. 高校地质学报, 17 (2): 297-307.

葛家旺, 朱筱敏, 潘荣, 等. 2015. 珠江口盆地惠州凹陷文昌组砂岩孔隙定量演化模式——以 Hz-A 地区辫状河三角洲储层为例. 沉积学报, 33 (1): 183-193.

龚再升. 2004. 中国近海含油气盆地新构造运动和油气成藏. 石油与天然气地质, 25(2): 133-138.

郭福生. 2004. 浙江江山藕塘底组陆源碎屑与碳酸盐混合沉积特征及其构造意义. 沉积学报, 22(1): 136-141.

郭福生, 严兆彬, 杜杨松. 2003. 混合沉积、混积岩和混积层系的讨论. 地学前缘, 10 (3): 68.

韩元佳, 何生, 宋国奇, 等. 2012. 东营凹陷超压顶封层及其附近砂岩中碳酸盐胶结物的成因. 石油学报, 33(3): 385-393.

赫云兰, 付孝悦, 刘波, 等. 2012. 川东北飞仙关组鲕滩沉积与成岩对储集层的控制. 石油勘探与开发, 39(004): 434-443.

侯贵廷, 钱祥麟, 蔡东升. 2001. 渤海湾盆地中新生代构造演化研究. 北京大学学报(自然科学版), 37(1): 845-851.

黄思静, 李小宁, 黄可可, 等. 2012. 四川盆地西部栖霞组热液白云岩中的自生非碳酸盐矿物. 成都理工大学(自然科学版), 39(4): 343-352.

江茂生, 沙庆安. 1995. 碳酸盐与陆源碎屑混合沉积体系研究进展. 地球科学进展, 10(6): 551-554.

姜在兴. 2000. 砂体层序地层及沉积学研究. 北京: 地质出版社.

金振奎, 邹元荣, 张响响, 等. 2002. 黄骅坳陷古近系沙河街组湖泊碳酸盐沉积相. 古地理学报, 4(3): 11-17.

金之钧, 胡文瑄, 陶明信. 2007. 深部流体活动及油气成藏效应. 北京: 科学出版社.

赖维成, 徐长贵, 加东辉, 等. 2012. 渤海海域古近系层序界面特征及不同构造带的层序构成. 地层学杂志, 36(4): 807-814.

李德生. 1980. 渤海湾含油气盆地的地质和构造特征. 石油学报, 1(1): 6-20.

李建平, 周心怀, 吕丁友. 2011. 渤海海域古近系三角洲沉积体系分布与演化规律. 中国海上油气, 23(5): 293-298.

李嵘, 张娣, 朱丽霞. 2011. 四川盆地川西坳陷须家河组砂岩致密化研究. 石油实验地质, 33(3): 274-281.

李婷婷, 朱如凯, 白斌, 等. 2015. 混积岩储层特征——以酒泉盆地青西凹陷下白垩统混积岩为例. 沉积学报, 33(2): 376-384.

李祥辉. 2008. 层序地层中的混合沉积作用及其控制因素. 高校地质学报, 14(3): 395-404.

李祥辉, 刘文均, 郑荣才. 1997. 龙门山地区泥盆纪碳酸盐与硅质碎屑的混积相与混积机理. 岩相古地理, 17(3): 1-10.

梁宏斌, 旷红伟, 刘俊奇, 等. 2007. 冀中坳陷束鹿凹陷古近系沙河街组三段泥灰岩成因探讨. 古地理学报, 9(2): 167-174.

刘宝珺, 余光明, 王成善, 等. 1983. 珠穆朗玛峰地区侏罗纪沉积环境. 沉积学报, 02: 5-20.

柳益群, 焦鑫, 李红, 等. 2011. 新疆三塘湖跃进沟二叠系地幔热液喷流型原生白云岩. 中国科学: 地球科学, 41(12): 1862-1871.

陆克政, 漆家福, 戴俊生, 等. 1997. 渤海湾新生代含油气盆地构造模式. 北京: 地质出版社.

罗顺社, 刘魁元, 何幼斌, 等. 2004. 渤南洼陷沙四段陆源碎屑与碳酸盐混合沉积特征与模式. 江汉石油学院学报, 26(4): 19-21.

马艳萍, 刘立. 2003. 大港滩海区第三系湖相混积岩的成因与成岩作用特征. 沉积学报, 21(4): 607-613.

倪军娥, 孙立春, 古莉, 等. 2013. 渤海海域石臼坨凸起 Q 油田沙二段储层沉积模式. 石油与天然气地质, 34(4): 491-498.

漆家福, 张一伟, 陆克政, 等. 1995. 渤海湾新生代裂陷盆地的伸展模式及其动力学过程. 石油实验地质, 17(4): 316-323.

荣辉, 焦养泉, 吴立群, 等. 2009. 川东北开县满月甘泉剖面长兴组生物丘构成及成丘模式. 沉积学报, 01: 9-17.

沙庆安. 2001. 混积岩一例——滇东震旦系陡山沱组砂质砂屑白云岩的成因. 古地理学报, 3(4): 56-60.

尚飞, 刘峥君, 解习农, 等. 2015. 泌阳凹陷核三段主力富有机质页岩层地球化学特征. 新疆石油地质, 36(001): 42-47.

寿建峰, 朱国华. 1998. 砂岩储层孔隙保存的定量预测研究. 地质科学, 2: 118-124.

斯春松, 陈能贵, 余朝丰, 等. 2013. 吉木萨尔凹陷二叠系芦草沟组致密油储层沉积特征. 石油实验地质, 35(5): 528-533.

宋章强, 陈延芳, 杜晓峰, 等. 2013a. 渤海海域A构造区沙二段混合沉积特征及储层研究. 海洋石油, 33(4): 13-18.

宋章强, 陈延芳, 刘志刚. 2013b. 渤海海域沙一、二时期碳酸盐岩沉积特征及主控因素分析. 石油勘探与开发, 33(1): 5-11.

天津市地质矿产局. 1992. 中华人民共和国地质矿产部地质专报. 一, 区域地质. 第29号, 天津市区域地质志.

田景春, 尹观, 覃建雄, 等. 1998. 中国东部早第三纪海侵与湖相白云岩成因之关系——以东营凹陷沙河街组为例. 中国海上油气(地质), 12(4): 250-254.

王宝清, 胡明毅, 胡爱梅, 等. 1993. 湖北南漳中三叠统巴东组碳酸盐与陆源碎屑混合沉积. 石油与天然气地质, 14(4): 285-290.

王冠民. 2012. 济阳坳陷古近系页岩的纹层组合及成因分类. 吉林大学学报(地球科学版), 42(3): 666-671.

王冠民, 廖黔渝, 高亮. 2009. 孤北洼陷西部陡坡带沙一段混积螺滩沉积特征. 石油天然气学报, 31(4): 28-30.

王国忠, 吕炳全, 全松青. 1987. 现代碳酸盐和陆源碎屑的混合沉积作用——涠洲岛珊瑚岸礁实例. 石油与天然气地质, 8(1): 15-25.

王国忠. 2001. 南海北部大陆架现代礁源碳酸盐与陆源碎屑的混合沉积作用. 古地理学报, 3(2): 47-54.

王杰琼, 刘波, 罗平, 等. 2014. 塔里木盆地西北缘震旦系混积岩类型及成因. 成都理工大学学报(自科版), 41: 346.

王金友, 张立强, 张世奇, 等. 2013. 济阳坳陷沾化凹陷沙二段湖相混积岩沉积特征及成因分析——以罗家-邵家地区为例. 地质论评, 59(6): 1085-1096.

文华国. 2013. 青藏高原北缘酒泉盆地青西凹陷白垩系湖相热水沉积原生白云岩. 中国科学: 地球科学, 12(2): 46-59.

吴靖, 姜在兴, 潘悦文, 等. 2016. 湖相细粒沉积模式——以东营凹陷古近系沙河街组四段上亚段为例. 石油学报, 37 (9): 1080-1089.

蒽克来, 操应长, 赵贤正, 等. 2014. 霸县凹陷古近系中深层有效储层成因机制. 天然气地球科学, 25 (8): 1144-1155.

谢佳彤, 李斌, 彭军, 等. 2016. 塔中地区柯坪塔格组储层致密化成因. 特种油气藏, 23(2): 59-62.

解习农, 李思田, 刘晓峰. 2006. 异常压力盆地流体动力学. 武汉: 中国地质大学出版社.

解习农, 叶茂松, 徐长贵, 等. 2018. 渤海湾盆地渤中凹陷混积岩优质储层特征及成因机理. 地球科学, 43(11): 3526-3539.

徐长贵. 2006. 渤海古近系坡折带成因类型及其对沉积体系的控制作用. 中国海上油气, 06: 7-13.

薛晶晶, 孙靖, 朱筱敏, 等. 2012. 准噶尔盆地二叠系风城组白云岩储层特征及成因机理分析. 现代地质, 26(4): 755-761.

杨朝青, 沙庆安. 1990. 云南曲靖中泥盆统曲靖组的沉积环境: 一种陆源碎屑与海相碳酸盐的混合沉积. 沉积学报, 8(2): 59-66.

杨俊杰, 黄思静, 张文正, 等. 1995. 表生和埋藏成岩作用的温压条件下不同组成碳酸盐岩溶蚀成岩过程的试验模拟. 沉积学报, 13(4): 49-54.

叶茂松, 解习农, 徐长贵, 等. 2018. 混积岩分类命名体系探讨及对混积岩储层评价的启示——以渤海海域混积岩研究为例. 地质论评, 64(5): 1118-1131.

于炳松, 董海良, 蒋宏忱, 等. 2007. 青海湖底沉积物中球状白云石集合体的发现及其地质意义. 现代地质, 21(1): 66-70.

袁静, 王乾泽. 2001. 东营凹陷下第三系深部碎屑岩储层次生孔隙垂向分布及成因分析. 矿物岩石, 21(1): 43-47.

袁静, 袁凌荣, 杨学君, 等. 2012. 济阳坳陷古近系深部储层成岩演化模式. 沉积学报, 30(2): 231-239.

张创, 罗然昊, 高辉, 等. 2017. 砂岩储层压实过程中孔隙度演化的定量分析. 地球物理学进展, 32(6): 2581-2588.

张娣, 候中健, 王亚辉, 等. 2008. 板桥–北大港地区沙河街组沙一段湖相碳酸盐岩沉积特征. 岩性油气藏, 20(4): 92-98.

张金亮, 司学强. 2007. 断陷湖盆碳酸盐与陆源碎屑混合沉积——以东营凹陷金家地区古近系沙河街组第四段上亚段为例. 地质论评, 53(4): 448-453.

张锦泉, 叶红专. 1989. 论碳酸盐与陆源碎屑的混合沉积. 成都地质学院学报, 16(2): 87-92.

张善文, 袁静, 隋风贵, 等. 2008. 东营凹陷北部沙河街组四段深部储层多重成岩环境及演化模式. 地质科学, 43(3): 576-587.

张廷山, 兰光志, 陈晓慧, 等. 1995. 川西北早志留世陆源碎屑-碳酸盐混合沉积缓坡. 沉积学报, 13(4): 27-35.

张雄华. 2000. 混合沉积岩的分类和成因. 地质科技情报, 19(4): 31-34.

张雄华. 2003. 雪峰古陆边缘上石炭统陆源碎屑和碳酸盐混合沉积. 地层学杂志, 27(1): 54-56.

赵会民. 2012. 辽河西部凹陷雷家地区古近系沙四段混合沉积特征研究. 沉积学报, 30(2): 283-290.

赵珂, 宋章强, 杜学斌, 等. 2018. 渤海海域曹妃甸A构造带混积岩储层白云岩化成因机理分析. 石油实验地质, 40(2): 218-225.

郑荣才, 王成善, 朱利东, 等. 2003. 酒西盆地首例湖相"白烟型"喷流岩——热水沉积白云岩的发现及其意义. 成都理工大学学报(自然科学版), 30(1): 1-8.

郑荣才, 文华国, 范明涛, 等. 2006. 酒西盆地下沟组湖相白烟型喷流岩岩石学特征. 岩石学报, 12(2): 3027-3038.

郑荣才, 赵灿, 刘合年, 等. 2010. 阿姆河盆地卡洛夫-牛津阶碳酸盐岩阴极发光性及其研究意义. 成都理工大学学报(自然科学版), 37 (4): 377-385.

朱伟林. 2009. 中国近海新生代含油气盆地古湖泊学与烃源条件. 北京: 地质出版社.

禚喜准, 王琪, 张瑞, 等. 2013. 柴达木盆地北缘下干柴沟组下段湖相混合沉积发育特征及其对储层的影响. 沉积学报, 31 (4): 724-729.

Adachi N, Ezaki Y. 2007. Microbial impacts on the genesis of Lower Devonian reefal limestones, eastern Australia. Palaeoworld, 16(4): 301-310.

Adams T D, Haynes J R, Walker C T. 1965. Boron in holocene illites of the dovey estuary, wales, and its relationship to palaeosalinity in cyclothems. Sedimentology, 4(3): 189-195.

Al-Aasm I S, Lonnee J S, Clarke J. 2003. Multiple fluid flow events and the formation of saddle dolomite: Case studies from the Middle Devonian of the Western Canada Sedimentary Basin. Marine and Petroleum Geology,

19: 209-217.

Amado-Filho G M, Pereira-Filho G H, Bahia R G, et al. 2012. Occurrence and distribution of rhodolith beds on the Fernando de Noronha Archipelago of Brazil. Aquatic Botany, 101: 41-45.

Bathurst R G C. 2007. Boring Algae, Micrite Envelopes and Lithification of Molluscan Biosparites. Geological Journal, 5(1): 15-32.

Beard D C, Weyl P K. 1973. Influence of texture on porosity and permeability of unconsolidated sand. AAPG Bulletin, 57: 349-369.

Bechstädt T, Schweizer T. 1991. The carbonate-clastic cycles of the East-Alpine Raibl group: Result of third-order sea-level fluctuations in the Carnian. Sedimentary Geology, 70(2-4): 241-270.

Bjorlykke K, Egeberg P K. 1993. Quartz cementation in sedimentary basins. AAPG Bulletin, 77(9): 1538-1548.

Blake R E, Walter L M. 1999. Kinetics of feldspar and quartz dissolution at 70–80℃ and near-neutral pH: Effects of organic acids and NaCl. Geochimical et Cosmochimica Acta, 63(13): 2043-2059.

Boni M, Parente G, Bechstädt T, et al. 2000. Hydrothermal dolomites in SW Sardinia (Italy): Evidence for a widespread late-variscan fluid flow event. Sedimentary Geology, 131(3): 181-200.

Bowen, G J, Daniels A L, Bowen B B. 2008. Paleoenvironmental isotope geochemistry and paragenesis of lacustrine and palustrine carbonates, flagstaff formation, central Utah, U. S. A. Journal of Sedimentary Research, 78 (3-4): 162-174.

Braga J C, Diaz De Neira A, Lasseur E, et al. 2012. Pliocene-Lower Pleistocene shallow-water mixed siliciclastics and carbonates (Yanigua and Los Haitises formations) in eastern Hispaniola (Dominican Republic). Sedimentary Geology, 265: 182-194.

Brandano M, Civitelli G. 2007. Non-seagrass meadow sedimentary facies of the pontinian islands, tyrrhenian sea: A modern example of mixed carbonate–siliciclastic sedimentation. Sedimentary Geology, 201(3): 286-301.

Brooks G R. 2003. Alluvial deposits of a mud-dominated stream: The Red River, Manitoba, Canada. Sedimentology, 50(3): 441-458.

Brooks G R, Larson R A, Devine B, et al. 2015. Annual to millennial record of sediment delivery to US virgin island coastal environments. The Holocene, 25(6): 1015-1026.

Bruckner W D. 1953. Cyclic calcareous sedimentation as an index of climatic variations in the past. Journal of Sediment Research, 23(4): 235-237.

Button A, Vos R G. 1977. Subtidal and intertidal clastic and carbonate sedimentation in a macrotidal environment: an example from the lower proterozoic of South Africa. Sedimentary Geology, 18(1-3): 175-200.

Caracciolo L, Gramigna P, Critelli S, et al. 2013. Petrostratigraphic analysis of a late miocene mixed siliciclastic–carbonate depositional system (calabria, southern italy): Implications for mediterranean paleogeography. Sedimentary Geology, 284-285: 117-132.

Carozzi A. 1955. Some remarks on cyclic calcareous sedimentation as an index of climatic variations. Journal of Sedimentary Research, 25(1): 78-79.

Colacicchi R, Gandin A. 1982. Mixed siliciclastic and carbonate sediments in Lower Cambrian of Sardinia. In: Abstracts of papers, Eleventh Internat. Congr. on Sedimentology. Mc. Master Univ., Canada, Hamilton.

D'agostini D P, Bastos A C, Dos Reis A T. 2015. The modern mixed carbonate-siliciclastic abrolhos shelf:

Implications for a mixed depositional model. Journal of Sedimentary Research, 85(2): 124-139.

Davies G R, Smith L B. 2006. Structurally controlled hydrothermal dolomite reservoir facies: An overview. AAPG Bulletin, 90: 1641-1690.

Davies H R, Charles W B. 1989. Shelf sandstones in the Mowry Shale: Evidence for deposition during Cretaceous Sea Level Falls. Journal of Sedimentary Research, 59: 548-560.

Davies R J. 2005. Differential compaction and subsidence in sedimentary basins due to silica diagenesis: A case study. Geological Society of America Bulletin, 117(9): 1146-1155.

Davis R A, Cuffe C K, Kowalski K A, et al. 2003. Stratigraphic models for microtidal tidal deltas: Examples from the Florida Gulf coast. Marine Geology, 200: 49-60.

Deckker P D, Last W M. 1988. Modern dolomite deposition in continental, saline lakes, western Victoria, Australia. Geology (Boulder), 16(1): 29-32.

Dix G R, Parras A. 2014. Integrated diagenetic and sequence stratigraphy of a Late Oligocene-Early Miocene, mixed-sediment platform (Austral Basin, Southern Patagonia): Resolving base-level and paleoceanographic changes, and paleoaquifer characteristics. Sedimentary Geology, 307: 17-33.

Dix G R, Nehza O, Okon I. 2013. Tectonostratigraphy of the Chazyan (Late Middle–Early Late Ordovician) mixed siliciclasticcarbonate platform, Quebec Embayment. Journal of Sedimentary Research, 83: 451-474.

Dolan J F. 1989. Eustatic and tectonic controls on eeposition of hybrid siliciclastic/carbonate basinal cycles: Discussion with examples. AAPG Bulletin, 73: 1233-1246.

Dorsey R J, Kidwell S M. 1999. Mixed carbonate-siliciclastic sedimentation on a tectonically active margin: Example from the Pliocene of Baja California Sur, Mexico. Geology, 27: 935-938.

Duggan J P, Mountjoy E W, Stasiuk L D. 2001. Fault-controlled dolomitization at swan hills simonette oil field (Devonian), deep basin west - central alberta, canada. Sedimentology, 48(2): 301-323.

Dunbar G B, Dickens G B, Carter R M. 2000. Sediment flux from the Great Barrier Reef Platform: Quantified rates of siliciclastic and carbonate accumulation over the Last 300 ky in the Queensland Trough. Sedimentary Geology, 133: 49-92.

El-Azabi M H, El-Araby A. 2007. Depositional framework and sequence stratigraphic aspects of the Coniacian-Santonian mixed siliciclastic/carbonate Matulla sediments in Nezzazat and Ekma blocks, Gulf of Suez, Egypt. Journal of African Earth Sciences, 47: 179-202.

Eppinger K J, Rosenfeld U. 1996. Western margin and provenance of sediments of the Neuquén Basin (Argentina) in the Late Jurassic and Early Cretaceous. Tectonophysics, 259(1-3): 229-244.

Foland L D, Decker O H W, Moore H W. 1989. Synthesis of isoarnebifuranone, Nanaomycin, and Deoxyfrenolicin. structure elucidation of Arnebifuranone. Journal of the American Chemical Society, 111(3): 989-995.

Folk R L. 1993. SEM imaging of bacteria and nannobacteria in carbonate sediments and rocks. Journal of Sedimentary Petrology, 63(5): 990-999.

Freeman T, Rothbard D, Obrador A. 1983. Terrigenous dolomite in the Miocene of Menorca (Spain); provenance and diagenesis. Journal of Sedimentary Research, 53(2): 543-548.

Garcia-Garcia F, Soria J M, Viseras C, et al. 2009. High-Frequency rhythmicity in a mixed siliciclastic-carbonate shelf (Late Miocene, Guadix Basin, Spain): A model of interplay between climatic oscillations, subsidence, and sediment dispersal. Journal of Sedimentary Research, 79: 302-315.

Garcia-Mondejar J, Fernandez-Mendiola P A. 1993. Sequence stratigraphy and systems tracts of a mixed carbonate and siliciclastic platform-basin setting: The Albian of Lunada and Soba, Northern Spain. AAPG Bulletin, 77 (2): 245-275.

Gawthorpe R L. 1986. Sedimentation during carbonate ramp-to-slope evolution in a tectonically active area: Bowland basin (Dinantian), northern England. Sedimentology, 33(2): 185-206.

Gomes M P, Vital H, Eichler P P B, et al. 2015. The investigation of a mixed carbonate-siliciclastic shelf, NE Brazil: Side-scan sonar imagery, underwater photography, and surface-sediment data. Italian Journal of Geosciences, 134(1): 9-22.

Hardie L A, Bosellini A, Goldhammer R K. 1986. Repeated subaerial exposure of subtidal carbonate platforms, Triassic, Northern Italy: Evidence for high frequency sea level oscillations on a 104 year scale. Paleoceanography, 1(4): 447-457.

Harper B B, Puga-Bernabéu Á, Droxler A W, et al. 2015. Mixed carbonate-siliciclastic sedimentation along the Great Barrier Reef upper slope: A challenge to the reciprocal sedimentation model. Journal of Sedimentary Research, 85: 1019-1036.

Harris P M. 1983. The Joulters Ooid Shoal, Great Bahama Bank. Berlin: Heidelberg, 132-141.

Hollis C. 2011. Diagenesis controls on reservoirs properties of carbonate succession within the Albian-Turonian of the Arabian Plate. Petroleum Geoscience, 17(3): 223-241.

Holmes C W. 1983. Carbonate and siliciclastic deposits on slope and abyssal floor adjacent to southwestern Florida platform. AAPG Bulletin, 67(3):484-485.

Isaack A, Gischler E, Hudson J H, et al. 2016. A new model evaluating Holocene sediment dynamics: Insights from a mixed carbonate-siliciclastic lagoon (Bora Bora, Society Islands, French Polynesia, South Pacific). Sedimentary Geology, 343: 99-118.

John C M, Mutti M, Adatte T. 2003. Mixed carbonate-siliciclastic record on the North African margin (Malta)-coupling of weathering processes and mid Miocene climate. Geological Society of America Bulletin, 115(2): 217-229.

Komatsu T, Naruse H, Shigeta Y, et al. 2014. Lower Triassic mixed carbonate and siliciclastic setting with Smithian-Spathian anoxic to dysoxic facies, An Chau basin, northeastern Vietnam. Sedimentary Geology, 300: 28-48.

Korngreen D, Bialik O M. 2015. The characteristics of carbonate system recovery during a relatively dry event in a mixed carbonate/siliciclastic environment in the Pelsonian (Middle Triassic) proximal marginal marine basins: A case study from the tropical Tethyan northwest Gondwana margins. Palaeogeography, Palaeoclimatology, Palaeoecology, 440: 793-812.

Land L S, Behrens E W, Frishman S A. 1979. The ooids of Baffin Bay. Journal of Sedimentary Research, 49(4): 1269-1277.

Larsonneur C, Bouysse P, Auffret J. 1982. The superficial sediments of the English channel and its western approaches. Sedimentology, 29(6): 851-864.

Licht A, van Cappelle M, Abels H, et al. 2014. Asian monsoons in a late Eocene greenhouse world. Nature, 513: 501-506.

Longhitano S G. 2011. The record of tidal cycles in mixed silici-bioclastic deposits: examples from small Plio-Pleistocene peripheral basins of the microtidal Central Mediterranean Sea. Sedimentology, 58: 691-719.

Longman M W. 1980. Carbonate diagenetic textures from nearsurface diagenetic environments. AAPG Bulletin, 64(4): 461-487.

Madden R H C, Wilson M E J. 2012. Diagenesis of Neogene delta-front patch reefs: Alteration of coastal, siliciclastic-influenced carbonates from humid equatorial regions. Journal of Sedimentary Research, 82(11): 871-888.

Mata S A, Bottjer D J. 2011. Origin of Lower Triassic microbialites in mixed carbonate-siliciclastic successions: Ichnology, applied stratigraphy, and the end-Permian mass extinction. Palaeogeography Palaeoclimatology Palaeoecology, 300(1-4): 158-178.

Maxwell W H, Swinchatt J P. 1970. Great barrier reef: Regional variation in a terrigenous-carbonate province. Geological Society of America Bulletin, 81(3): 691-724.

Mcbride E F. 1989. Quartz cement in sandstones: A review. Earth-Science Review, 26(1): 69-112.

Mcneill D F, Kirschvink J L. 1993. Early dolomitization of platform carbonates and the preservation of magnetic polarity. Journal of Geophysical Research Solid Earth, 98: 7977-7986.

Meister P, Gutjahr M, Frank M, et al. 2011. Dolomite formation within the methanogenic zone induced by tectonically driven fluids in the Peru accretionary prism. Geology (Boulder), 39(6): 563-566.

Miller R P, Heller P L. 1994. Depositional framework and controls on mixed carbonate-siliciclastic gravity flows: Pennsylvanian-Permian shelf to basin transect, South-Western Great Basin, USA. Sedimentology, 41 (1): 1-20.

Moore C H, Wade W J. 2013. Chapter 9-summary of Early Diagenesis and porosity modification of carbonate reservoirs in a sequence stratigraphic and climatic framework. Developments in Sedimentology, 67(1): 207-238.

Mount J F. 1984. Mixing of siliciclastic and carbonate sediments in shallow shelf environments. Geology, 12(7): 432-435.

Mount J F. 1985. Mixed siliciclastic and carbonate sediments: A proposed first-order textural and compositional classification. Sedimentology, 32: 435-442.

Myrow P M, Tice L, Archuleta B, et al. 2004. Flat-pebble conglomerate: Its multiple origins and relationship to metre-scale depositional cycles. Sedimentology, 51(5): 973-996.

Navarrete R, Rodríguez-López J P, Liesa C L, et al. 2013. Changing physiography of rift basins as a control on the evolution of mixed siliciclastic-carbonate back-barrier systems (Barremian Iberian Basin, Spain). Sedimentary Geology, 289: 40-61.

Palermo D, Aigner T, Geluk M, et al. 2008. Reservoir potential of a lacustrine mixed carbonate/siliciclastic gas reservoir: The lower Triassic rogenstein in the Netherlands. Journal of Petroleum Geology, 31: 61-96.

Parcell W C, Williams M K. 2005. Mixed sediment deposition in a retro-arc foreland basin: Lower Ellis Group (M. Jurassic), Wyoming and Montana, USA. Sedimentary Geology, 177: 175-194.

Paxton S T, Szabo J O, Ajdukiewicz J M, et al. 2002. Construction of an intergranular volume compaction curve for evaluating and predicting compaction and porosity loss in rigid-grain sandstone reservoirs. AAPG Bulletin, 86(12): 2047-2067.

Pryor W A. 1972. Reservoir inhomogeneities of some recent sand bodies. Society of Petroleum Engineers Journal, 12(3): 229-245.

Puga-Bernabéu Á, Webster J M, Beaman R J, et al. 2014. Filling the gap: A 60 ky record of mixed carbonate-siliciclastic turbidite deposition from the Great Barrier Reef. Marine and Petroleum Geology, 50: 40-50.

Quan C, Liu Y S, Utescher T. 2012. Eocene monsoon prevalence over China: A paleobotanical perspective. Palaeogeography, Palaeoclimatology, Palaeoecology, 365-366: 302-311.

Reis H L S, Suss J F. 2016. Mixed carbonate-siliciclastic sedimentation in forebulge grabens: An example from the Ediacaran Bambuí Group, São Francisco Basin, Brazil. Sedimentary Geology, 339: 83-103.

Robertson A H F, Woodcock N H. 1981. Alakir çay group, antalya complex, SW Turkey: A deformed mesozoic carbonate margin. Sedimentary Geology, 30(1-2): 95-131.

Rossi C, Marfil R, Ramseyer K, et al. 2001. Facies-related diagenesis and multiphase siderite cementation and dissolution in the reservoir sandstones of the Khatatba Formation, Egypt's Western Desert. Journal of Sedimentary Research, 71(3): 459-472.

Rott C M, Qing H. 2013. Early dolomitization and recrystallization in shallow marine carbonates, Mississippian Alida Beds, Williston Basin (Canada): Evidence from petrography and isotope geochemistry. Journal of Sedimentary Research, 83(11): 928-941.

Saller A H, Moore Jr C H. 1989. Meteoric diagenesis, marine diagenesis, and microporosity in Pleistocene and Oligocene limestones, Enewetak Atoll, Marshall Islands. Sedimentary Geology, 63(3): 253-272.

Sanders D, Höfling R. 2000. Carbonate deposition in mixed siliciclastic-carbonate environments on top of an orogenic wedge (Late Cretaceous, Northern Calcareous Alps, Austria). Sedimentary Geology, 137(3-4): 127-146.

Sarkar S, Chakraborty N, Mandal A, et al. 2014. Siliciclastic-carbonate mixing modes in the river-mouth bar palaeogeography of the Upper Cretaceous Garudamangalam Sandstone (Ariyalur, India). Journal of Palaeogeography, 3: 233-256.

Scherer M. 1987. Parameters influencing porosity in sandstones: A model for sandstone porosity prediction. AAPG Bulletin, 71(5): 485-491.

Sepkoski J J Jr. 1982. Flat-pebble conglomerates, storm deposits, and the Cambrian bottom fauna. In: Einsele G, Seilacher A. Cyclic and Event Stratification. Berlin: Springer-Verlag, 371-385.

Sonnenberg S A, Pramudito A. 2009. Petroleum geology of the giant elm coulee field, williston basin. AAPG Bulletin, 93(9): 1127-1153.

Tomassetti L, Brandano M. 2013. Sea level changes recorded in mixed siliciclastic-carbonate shallow-water deposits: The Cala di Labra Formation (Burdigalian, Corsica). Sedimentary Geology, 294: 58-67.

Vigorito M, Murru M, Simone L. 2006. Architectural patterns in a multistorey mixed carbonate-siliciclastic submarine channel, Porto Torres Basin, Miocene, Sardinia, Italy. Sedimentary Geology, 186(3): 213-236.

Warren J. 2000. Dolomite: Occurrence, evolution and economically important associations. Earth-Science Reviews, 52: 1-81.

Warren J K. 2016. Evaporites: A Geological Compendium. Switzerland: Springer International Publishing.

Weiss M P, Goddard D A, Picard X. 1978. Marine geology of reefs and inner shelf, Chichiriviche, Estado Falcón, Venezuela. Marine Geology, 28(3-4): 211-244.

Wilson A M, Boles J R, Garven G. 2000. Calcium mass transport and sandstone diagenesis during compaction-driven flow: Stevens sandstone, San Joaquin Basin, California. Geological Society of America Bulletin, 112(6): 845-856.

Woods A D. 2013. Assessing early triassic paleoceanographic conditions via unusual sedimentary fabrics and features. Earth-Science Reviews, 137: 6-18.

Yang W, Kominz M A. 2002. Characteristics, stratigraphic architecture, and time framework of multi-order mixed siliciclastic and carbonate depositional sequences, outcropping Cisco Group (Late Pennsylvanian and Early Permian), Eastern Shelf, north-central Texas, USA. Sedimentary Geology, 154: 53-87.

Ye M S, Xie X N, Xu C G, et al. 2019. Sedimentary features and their controls in a mixed siliciclastic-carbonate system in a shallow lake area: An example from the BZ-X block in the Huanghekou Sag, Bohai Bay Basin, Eastern China. Geological Journal, 54(4): 1-18.

Yose L A, Heller P L. 1989. Sea-level control of mixed carbonate-siliciclastic, gravity-flow deposition: Lower part of the Keeler Canyon Formation (Pennsylvanian), Southeastern California. Geological Society of America Bulletin, 101(3): 427-439.

Zeller M, Verwer K, Eberli G P, et al. 2015. Depositional controls on mixed carbonate-siliciclastic cycles and sequences on gently inclined shelf profiles. Sedimentology, 62(7): 2009-2037.

图 版

图版 I 生物类型

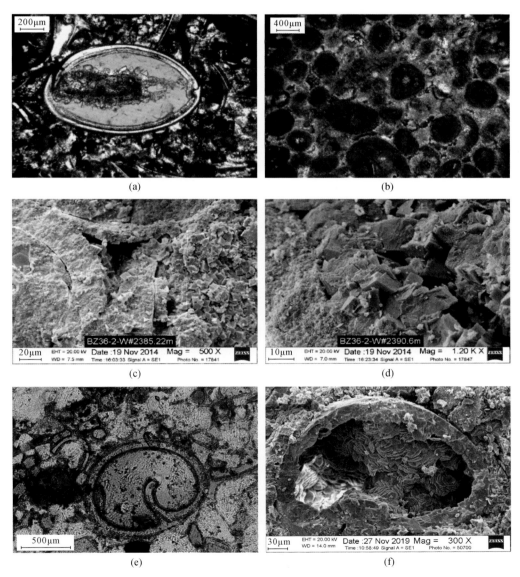

（a）生物螺碎屑（BZ36-2-W 井，2390.25m）；（b）鲕粒（BZ36-2-W 井，2386.53m）；（c）古生物壳体的白云石化（BZ36-2-W 井，2385.22m）；（d）生物壳体内充填白云石（BZ36-2-W 井，2390.6m）；（e）生物（螺）碎屑，内部被溶蚀形成残余溶蚀孔（LD25-1-1 井，3290m）；（f）生物铸模孔隙被白云石和伊利石充填（LD25-1-2 井，3352.98m）

图版 II　　岩相类型

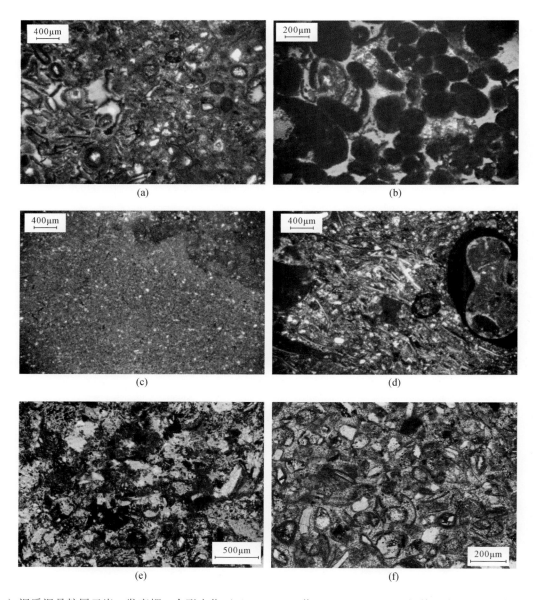

（a）泥质泥晶粒屑云岩，发育螺、介形虫化石（BZ36-2-W 井，2395.1m）；（b）鲕粒云岩，局部方解石充填（BZ36-2-W 井，2386.53m）；（c）泥质云岩（BZ36-2-W 井，2388.6m）；（d）泥质粒屑云灰岩（BZ36-2-W 井，2390.13m）；（e）云质砂岩（JZ20-2-1，2179.9m）；（f）含砂生屑云岩（JZ20-2-2 井，2226.10m）

图版III 储集空间

（a）生物体腔孔（QHD29-2E-4 井，3311.5m）；（b）砾缘缝（QHD29-2E-4 井，3461m）；（c）酸性火山岩溶蚀形成的溶蚀孔（QHD29-2E-4 井，3406m）；（d）长石边缘、内部溶蚀形成的溶蚀孔及压实作用形成的破裂缝（QHD29-2E-4 井，3672m）；（e）石英岩边缘溶蚀形成的溶蚀孔（QHD29-2E-4 井，3611.5m）；（f）构造作用或压实作用形成的微裂缝（QHD29-2E-4 井，3441m）

图版Ⅳ 成岩作用之压实作用

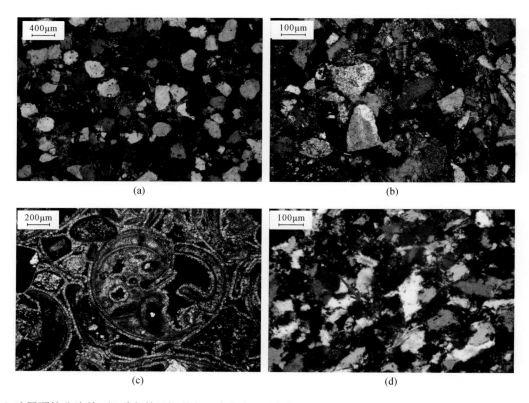

（a）碎屑颗粒分选差，泥质杂基及泥晶白云岩发育，压实作用强，孔隙不发育（QHD29-2E-4 井，3621m）；
（b）颗粒点或线接触（QHD36-3-2 井，3659m）；（c）生屑紧密接触，体腔和骨架保存较完整（QHD36-3-2
井，3763.63m）；（d）压实作用导致云母压弯变形（KL16-1-4 井，1552m）

图版 V 成岩作用之胶结作用

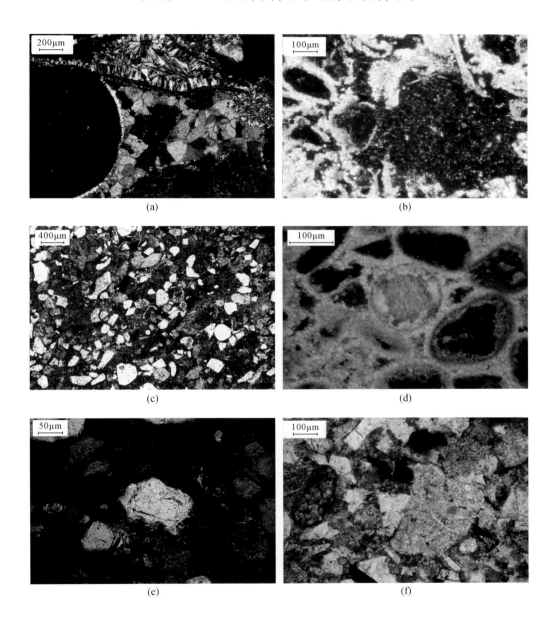

(a)

(b)

(c)

(d)

(e)

(f)

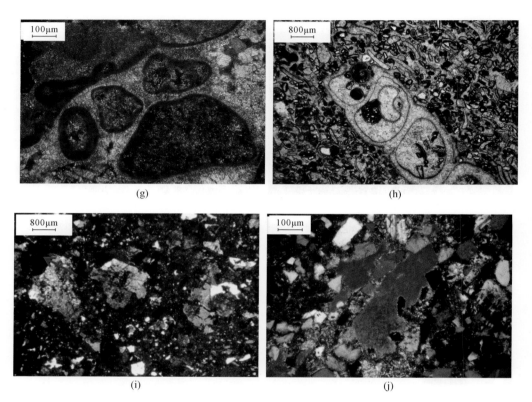

（a）白云石的胶结作用，发育3期胶结作用（QHD29-2E-5井，3405m）；（b）高岭石的胶结作用，高岭石呈米粒状充填于颗粒之间（QHD29-2E-5井，3344.08m）；（c）铁方解石的胶结作用，铁方解石充填于颗粒之间（QHD29-2E-5井，3325m）；（d）颗粒之间的白云石胶结，方解石交代鲕粒（QHD29-2E-5井，3373.58m）；（e）硅质胶结，石英颗粒的次生加大边（QHD29-2E-4井，3033m）；（f）胶结作用，颗粒之间被方解石胶结（QHD36-3-2，3620m）；（g）胶结作用，鲕粒之间被栉壳状亮晶白云石胶结（QHD36-3-2井，3865m）；（h）胶结作用，生物体腔被方解石胶结（QHD36-3-2井，3790m）；（i）铁白云石胶结碎屑颗粒（KL16-1-4井，1582m）；（j）菱铁矿的胶结作用（QHD29-2E-4井，3040m）

图版Ⅵ　成岩作用之后期充填

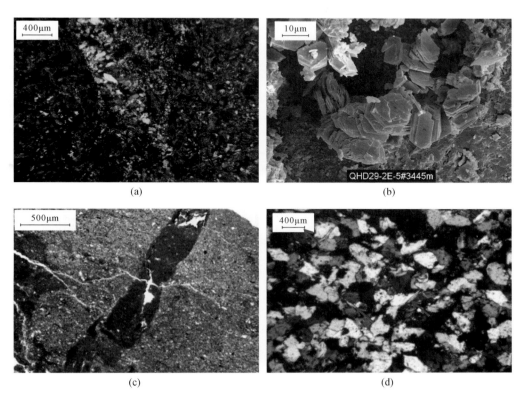

（a）砾石内部裂缝被硅质胶结物充填（QHD29-2E-5 井，3535m）；（b）高岭石充填于孔隙（QHD29-2E-5 井，3445m）；（c）晚期裂缝切穿早期裂缝（KL16-1-8 井，1281m）；（d）后期生成的云母颗粒切割碎屑颗粒（KL16-1-4 井，1551m）

图版Ⅶ 成岩作用之溶蚀作用

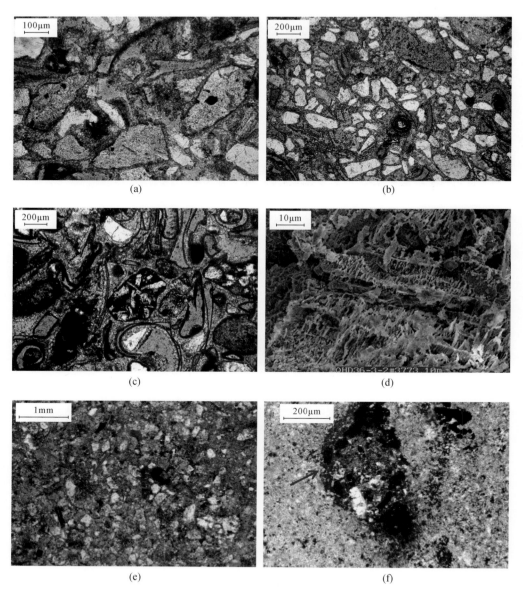

（a）溶蚀作用，岩屑和长石被溶蚀呈蜂窝状（QHD36-3-2井，3768.73m）；（b）溶蚀作用，长石或岩屑大部分被溶蚀形成铸模孔（QHD36-3-2井，3772.15m）；（c）溶蚀作用，白云石胶结物被溶蚀形成溶蚀孔（QHD36-3-2井，3763.03m）；（d）溶蚀作用，碳酸盐矿物的溶蚀（QHD36-3-2井，3773.1m，扫描电镜）；（e）颗粒间溶蚀及颗粒内溶蚀作用（KL16-1-8井，1330.5m）；（f）碳酸盐晶内溶蚀（KL16-1-4井，1556.83m）

图版Ⅷ 成岩作用之交代作用

（a）铁方解石交代碎屑颗粒（KL16-1-9井，1555.5m）；（b）铁方解石（紫色）交代白云石（KL16-1-9井，
1545.5m）；（c）铁方解石交代粒间泥质充填物（KL16-1-9井，1591m）